AI 세대에게 딱 맞는

자녀 교육을 세팅하라

AI 세대에게 딱 맞는

자녀 교육을 세팅하라

한국과학창의재단
조향숙 박사가 안내하는
자녀를 미래형 인재로 키우는 법

조향숙 지음

더메이커

프롤로그

잠재력을 발휘하고 있는 아이, 잠재력을 품고 있는 아이

"아이들의 잠재력을 발견할 수 있게 되길 늘 간절히 바랍니다"

수년 전 핀란드에 간 적이 있다. 한국과학창의재단(이하 과학창의재단)에서 일하다 보니 다양한 교육 현장을 보게 되는데, 핀란드에서의 경험은 좀 특별했다. 워낙 교육 강국으로 알려져서 방문 전부터 설렘이 있었던 것도 사실이다. 과연 그 나라의 교육 현장은 생동감이 넘쳤고, 뭔가 다른 것이 느껴졌다. 함께 간 일행들도 고개를 끄덕이며 현장의 이모저모를 살피느라 바빴다.

그런데 그 연수에서 나의 뇌리에 깊이 박힌 건 그 나라의 교육 커리큘럼도, 수업 방식도 아니었다. 수학과 과학 수업을 담당하던

한 선생님의 짧은 한마디였다. 특별할 것도 없는, 그저 평범해 보이던 그 선생님은 "어떤 마음으로 아이들을 교육하느냐"는 우리의 질문에 이렇게 답했다.

"저는 정말 아이들 하나하나의 잠재력을 눈치채지 못할까 봐 그게 너무 걱정스럽습니다. 혹시라도 저 때문에 아이들의 잠재력이 발휘되지 못하면 안 되기에 아이들의 잠재력을 발견할 수 있게 되길 늘 간절히 바랍니다."

선생님의 진심이 느껴지는 짧은 답변에 나는 허를 찔리는 기분이 들었다. '나는 과연 아이들의 잠재력에 대해, 잠재력이 발휘되고 있는지에 대해 고민을 얼마나 했던가. 아니 생각이라도 한 적이 있던가' 하는 생각에 순간 부끄러워졌다. '꽤 오랫동안 대한민국의 미래혁신 인재 육성의 일선에서 일하고 있는 한 사람으로서 책임을 다했나' 하는 물음이 떠올랐던 것이다.

한국에 돌아와서도 그 선생님의 말이 뇌리에서 오랫동안 떠나지 않았다. 아마 이 책을 시작한 단초가 되었던 것도 같다.

잠재력을 창의적으로 발휘할 수 있는가

세상이 바뀌고 있다. 그에 따라 교육의 방향도 요동친다. 교육의 목적이 사람이 삶을 영위하는 데 필요한 행위를 가르치고 배우는 과정이기에, 시대의 변화에 민감한 것은 당연하다.

특히 일자리 변화에 대한 최근의 여러 논의와 전망은 '과연 우리 아이들이 뭘 어떻게 공부해서 사회에 나갈 것인가'를 고민하게 만든다. 미래로 갈 것도 없이 지금의 사회와 기업이 원하는 인재상은 세상의 변화와 함께 급격히 바뀌는 중이고, 기업의 인재 채용 방식도 시시각각 달라지고 있다.

내가 일하고 있는 과학창의재단만 해도 직원 구성이 아주 다양하다. 스펙을 통해 일률적으로 채용하지 않기 때문이다. 지금은 학력 같은 스펙으로 채용하지도 않고, 할 수도 없다. 이런 현상은 과학창의재단만의 경우는 아닐 것이다. 이제 기업들은 그들만의 독특한 방식으로 인재를 뽑는다.

이처럼 기업마다 채용의 형태는 조금씩 다르겠지만 인재 채용의 본질은 같다. '성과를 낼 수 있는가? 즉, 잠재력을 창의적으로 발휘할 수 있는가'에 방점을 둔다는 것이다. 한마디로 '좋은 대학, 좋은 스펙이 없어도 독특하고 잠재적인 능력을 발휘해, 변해가는 사회에 적응하고 또 리드하며 나갈 수 있는 사람'을 사회와 기업은 원한다.

아이들 모두는 잠재력 덩어리다

내 아이를 잘 키워보고 싶은 부모의 마음은 모두 같다. 이미 두 아이를 키우며 나 역시 시행착오를 경험해 보았기에 그 마음을 너무도 잘 안다. 다만 이제는 과거의 생각에 머물러서는 안 되고, 변화에 적극적으로 대응하는 교육이 이루어져야 할 때라고 생각한다.

미래 사회는 학교보다는 학업을 생각하고, 성적보다는 성취를 생각하며, 변화하는 환경에 유연하게 대처하며 성장하는 사람을 필요로 한다. 바로 '잠재력이 지닌 무한한 가능성을 탐험할 수 있는 인내와 잠재력이 가져올 가능성을 펼칠 용기를 가진 인재' 말이다.

이 책에서 나는 성적 위주로 평가되는 A학점 인재가 아닌 미래가 원하는 인재에 대해 함께 고민하고, 이를 토대로 우리 아이들에게 어떤 교육이 필요한지를 생각해보려고 한다.

세상의 아이들은 두 부류로 나눌 수 있다. 잠재력을 발휘하고 있는 아이와 잠재력을 품고 있는 아이! 그러니까 현재 발휘하고 있느냐 아직 발휘하고 있지 못하느냐의 차이가 있을 뿐, 아이들 모두는 잠재력 덩어리다. 다시 말해 모두가 미래의 인재이다.

"아이들이 지닌 잠재력을 발견하지 못할까 봐 너무도 걱정된다"는 한 핀란드 선생님의 마음을 다시 떠올리며, 누구나 간직하고 있을 잠재력을 신나게 발휘할 수 있는 교육에 대해 함께 고민하면 좋겠다.

차례

프롤로그
: 잠재력을 발휘하고 있는 아이, 잠재력을 품고 있는 아이 5

PART 1
미래 인재 교육 트렌드 깊이 읽기

1장 인공지능 시대의 코드를 읽어라

AI에 적응하거나 사라지거나, 전문직 초양극화 시대 19
이것과 저것을 연결하라, 매칭의 시대 25
사람과 기계, 대립 아닌 공존의 시대 29

2장 교육의 역할이 더욱 중요해지고 있다

기술전쟁 그리고 격화되고 있는 인재전쟁 35
변화에 교육은 적극 대응해야 한다 39
디지털 네이티브 세대에게 어떤 교육이 필요한가 44
자녀에게 미래 트렌드를 알려줄 정도의 공부는 해야 한다 51

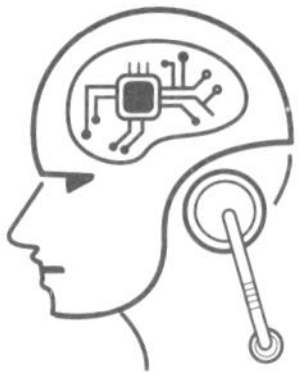

3장 누가 미래형 인재인가

X형 인재가 미래형 인재인 이유 3가지 59
미래를 여는 열쇠를 쥔 사람들 63
유연한 사고를 할 수 있는가 68
초연결 시대의 미드필더, 연결자 72
결국은 문제해결력이다 77

4장 세계 교육 트렌드를 알면 미래 인재 교육이 보인다

경험 학습을 통해 비대면 학습의 장을 열다 -미네르바 스쿨 85
팀플레이와 협업 정신으로 인재를 교육하다 -프랑스 에꼴42 91
미래를 기다리지 않고 미래를 만들어간다 -싱귤래리티 대학 95
개개인을 위한 맞춤형 교육 -칸랩 스쿨 100
STEM을 통해 우주 시대를 대비하는 리더를 기르다 -애드 아스트라 103
협업과 현상기반학습으로 인재를 양성하다 -핀란드 교육 107
행복한 아이를 키우다 -덴마크 평민대학 & 애프터스쿨 112

PART 2

미래 혁신 인재로 가는 로드맵은 무엇인가

5장 자기주도: 스스로를 주도할 수 있는가

아이가 자기 자신으로 살도록 이끌어야 한다 121
자기 결정권을 가진 아이가 더 많이 배운다 128
기준을 나에게 두고 점점 나아지도록 한다 133
비판적 사고를 자극하는 법 138
아인슈타인 부모에게 배우는 환경의 힘 142

6장 도전의식: 새로운 것에 도전할 수 있는가

아이에게 도전은 자연스런 것이다 151
호기심은 어떻게 유지되는가 157
더 깊은 질문으로 나아가는 법 163
업글력은 필수이다 172
갈수록 중요해지는 콘텐츠 습득 능력 178

7장 다양성: 다양한 답을 찾아갈 수 있는가

노벨상 수상자 파인만 아버지의 독특한 독서 교육 187
공부가 즐거워서는 안 되는 것일까 193
재미있는 수학으로 다양함을 공부하다 199
통째로 경험하여 배우게 하라 204
100명의 아이에게 100개의 답이 있다 209
실패를 대하는 태도가 차이를 만든다 215

8장 융합: 소통하고 협력하고 융합할 수 있는가

협업은 미래 사회의 필수 역량이다 223
초연결시대, 의사소통은 기본수단이다 230
결과물을 만드는 과정에서 즐거움을 느껴야 한다 236
과학 프로젝트를 활용하여 융합 역량 높이기 242

[집중인터뷰 1]
박사님, 어떻게 해야 수학·과학을 잘할 수 있습니까? 247

[집중인터뷰 2]
인공지능 교육 로드맵은 무엇입니까? 256

PART 1

미래 인재 교육 트렌드 깊이 읽기

1장

인공지능 시대의 코드를 읽어라

가까운 미래에 어떤 사람 혹은 직업은 미래의 기술에 능동적으로 적응하여 살아남을 것이고, 그렇지 못한 사람 혹은 직업은 적응하지 못하고 사라질 것이다.

AI에 적응하거나 사라지거나, 전문직의 초양극화 시대

코로나19가 만들어낸 교실 풍경

코로나19로 전 세계가 혼란에 빠져 모두가 힘들었겠지만, 교육계 종사자들의 어려움도 만만치 않았다. 대면 강의가 금지되고 온라인 수업 시대가 반강제적으로 열리면서 큰 혼란이 빚어졌다. 지금껏 대면 수업을 통해 지식을 주고받았는데, 갑자기 모든 자료를 데이터화해서 올려야 하고, 온라인에서 실시간으로 아이들을 만나야 하니, 온라인 환경이 낯선 이들은 멘탈 붕괴, 멘붕에 이르렀다. 웃픈(웃기면서 슬픈) 이야기로 연세 지긋한 교사 분들은 이러한 온라인 교육 시스템에 적응하지 못하여 반강제로 퇴직을 결심하기도 했단다.

반면 코로나19가 만들어낸 비대면 환경에 적응하지 못하고 혼란에 빠진 학생들을 적절하게 온라인으로 이끌며 대응한 분들도 있다. 과학창의재단을 통해 수집된 사례를 보면 마치 이런 순간을 기다렸다는 듯 체계적인 커리큘럼을 온라인에 업로드하고 학생들과 실시간 채팅을 통해 의견을 나누며 학습을 이끄는 분들이 있었다.

이런 상반된 모습을 통해 미래 사회의 모습을 조금 앞당겨 경험할 수 있는 시간이었다고 생각한다. 코로나19라는 굉장히 극단적인 상황이 보여주는 모습이었지만, 가까운 미래에 어떤 사람 혹은 직업은 미래의 기술에 능동적으로 적응하여 살아남을 것이고, 그렇지 못한 사람 혹은 직업은 적응하지 못하고 사라질 것이다.

아직까지도 '사'자가 들어간 직업에 대한 선호도가 높다. 코로나19 시대를 지나면서 의대 선호도는 더 높아졌고, 여전히 변호사 등의 전문직에 대한 벽도 높다.

그런데 과연 앞으로도 그럴까. 특정 직업을 폄훼하려는 것은 전혀 아니니 오해 없길 바란다. 모르긴 해도 우리 아이들이 살아갈 미래는 변호사도 변호사 나름이고 의사도 의사 나름일 것이다. AI 등의 기술을 잘 활용하는 변호사는 그때도 잘나갈 것이지만, 서류 더미에 파묻혀 있는 변호사는 지금과는 다를 것이다.

초연결, 초고속,
그리고 초양극화 시대

서로 힘이 아주 비슷하여 승부가 쉽게 나지 않는 힘겨운 전투를 할 때 초접전이란 말을 사용한다. 여기서 '초'는 뛰어넘을 초(超)다. 명사 앞에 '초'를 붙이면 '어떤 범위를 넘어서거나 정도가 심한 것'을 의미한다. 4차 산업혁명을 이야기할 때, 꽤 많은 부분에 '초'를 붙인다. 우리가 살아가야 할 미래는 정보와 기술이 '초연결'되어 '초고속'으로 변화한다는 것이다. 나는 여기에 또 하나, '초양극화'를 덧붙이고 싶다.

우리 아이들이 살아갈 미래 사회는 전문직의 초양극화가 일어날 것이다. 이미 여러 보고서가 말해주고 있는데, AI 기술을 잘 활용하는 전문가와 그렇지 못한 전문가로 나눠질 것이다.

앞으로의 시대에는 일하는 AI가 많아진다. AI 변호사가 업무에 도입되어 시간을 줄여주고 노력의 질을 높여줄 것이다. 이러한 기술혁신은 전문 서비스를 필요로 하는 이들에게 큰 도움이 된다. 서비스의 품질을 높이고 비용을 낮춰주기 때문이다.

가령 내가 변호사라고 할 때 AI 변호사의 도움을 받으면 본연의 업무에 집중할 수 있다. 판례를 찾아보고 일일이 대조하는 등에 들어가는 시간과 노력을 줄여주기 때문이다. 서비스의 품질은 높아지고 가격 경쟁력도 커진다. 반면 AI 변호사를 잘 활용하지 못하는 변호사는 경쟁력이 떨어질 수밖에 없다.

미래 사회의 거인의 어깨는 '첨단 기술력'

만유인력의 법칙을 발견한 뉴턴은 "내가 더 멀리 보았다면 그건 거인들의 어깨 위에 서 있었기 때문이다"라고 말했다. 뉴턴 이전의 과학자들의 업적이 거인의 어깨 역할을 해주었기에 그가 그 위에 서서 만유인력의 법칙을 발견할 수 있었다는 의미다.

이처럼 전문가는 거인의 어깨 위에 서서 멀리 볼 줄 아는 사람이다. 다만 지금 그리고 미래 사회의 거인의 어깨는 '첨단 기술력'일 것이다. 미래의 전문가는 사람과 기계의 강점에 따라 적절히 업무를 배분한다. 우수한 능력을 갖춘 기계를 이용하여 더 높은 품질의 서비스를 제공한다. 더 나아가 사람들을 도울 새로운 방식을 찾는다. 계속해서 더 나은 시스템을 찾아가는 것이다. 앞으로 전문가는 기계와 시스템과 같이 일하면서 전문가의 역할에 충실하며 멀리 내다볼 수 있다.

그렇기에 앞으로는 첨단 기술을 활용하는 전문가와 그렇지 못한 전문가는 점점 초양극화될 수밖에 없다.

2019년 한국에서 법률인공지능경진대회가 열렸다. 말하자면 알파고의 법률 버전이다. 여기에 변호사와 인공지능 혼성팀이 2팀, 일반인과 인공지능 혼성팀이 1팀, 인간 변호사로 구성된 팀이

9팀, 이렇게 12개 팀이 나와 기량을 겨뤘다.

50분간 진행된 경진대회는 근로계약서 3건을 분석해서 오류를 찾고 근거를 대는 정량평가, 계약서를 보완하고 종합 자문 의견을 제시하는 정성평가 문항으로 구성되었다.

결과가 어땠을까. 사람과 인공지능 혼성팀이 1위부터 3위까지 석권했다. 즉 변호사와 인공지능 혼성팀이 각각 1위와 2위를 차지했고, 일반인(법률 전공자가 아닌 물리학 전공자)과 인공지능 혼성팀이 3위를 기록했다. 인간 변호사 팀 중 한 팀이 4위를 기록했다.

총 150점 만점인 대회에서 1위는 120점, 2위는 118점, 3위는 107점, 4위는 61점을 받았다.

우승을 차지한 변호사는 인공지능과 협업한 소감을 이렇게 말했다.

"AI의 빠른 속도와 정확한 법률 분석의 도움을 많이 받았다. 변호사 업무 상당 부분이 노동집약적이다. 조사와 판례 수집에 강점을 가진 AI의 보조를 받으면 시간이 단축되고 쟁점을 놓치는 일도 줄 것이다. 미래에는 AI와 변호사가 경쟁하는 게 아니라 기술을 잘 활용하는 변호사와 그렇지 못해 도태되는 변호사 간의 경쟁이 될 것이다."[1]

---

1 〈매일경제〉 2018.2.28., 〈테크월드〉 2019.8.31.

이러한 결과를 통해 보더라도 전문가와 인공지능의 협업은 훨씬 효율적인 결과를 가져온다. 다시 말해 기술을 잘 다루는 전문가와 그러지 못하는 전문가 사이의 간극은 시간이 갈수록 벌어질 것이다.

이것과 저것을 연결하라, 매칭의 시대

교육 관련 정보에 민감한 입장에 있다 보니 다양한 매체를 활용하게 되는데, 그중에서 유튜브를 자주 사용하는 편이다. 어느 순간부터 유튜브 사용자가 기하급수로 늘어나면서 유튜브에서 유통되고 있는 콘텐츠의 양도 방대해졌다. 필요한 강의를 찾아다니다 보면 어느새 시간이 훌쩍 지나 있어 당황스러운 때도 있다.

그런데 언제부터인가 유튜브 알고리즘이 나의 취향에 맞는 콘텐츠를 제공하기 시작했다. A라는 자료를 찾다보면 그와 관련한 자료가 자동으로 뜨면서 자료 찾는 게 훨씬 수월해졌다. 어떤 땐 '어떻게 알고 이런 영상을 준비했지?' 싶을 때도 있다.

유튜브 알고리즘이란 사용자의 검색 기록, 시청 영상 등을 분석하여 추천하는 기술, 즉 '자동적인 데이터 수집을 통해 가장 연관성 있는 콘텐츠를 추천하는 기술'이다.

물론 유튜브 알고리즘에 대한 호불호와 장단점이 갈리기도 하지만 여기서 말하고자 하는 것은 지금의 기술력이 개인 맞춤형 서비스에 맞춰져 있다는 것이다.

또 하나 예를 들어보자. AI 시대를 맞아 법률 서비스가 진화하면서 리걸테크의 영역도 넓어지고 있다. 리걸테크란 legal(법률)과 technology(기술)을 결합하여 새롭게 탄생한 서비스이다.

리걸테크가 주목받고 있는 것은 AI와 데이터분석 기술을 기반으로 한 검색과 매칭 서비스이기 때문이다. 데이터분석 기술을 활용하여 방대한 판례 정보를 분석해주고, 법률 검색과 변호사 매칭 서비스, 승소 가능성을 예측하는 예측 서비스 등을 제공한다.

문서가 주를 이루던 법률 분야에 AI 기술이 접목되면서 필요한 정보를 빨리 찾아내고 복잡한 법률 문서 작성에 걸리는 시간을 획기적으로 줄여주었기에 기업 입장에서는 반가울 수밖에 없다.

이것과 저것을 연결하는 능력

유튜브 알고리즘이나 리걸테크 모두 AI 기반 기술이 발전함에 따라 시간과 노력을 줄여주었다는 공통점이 있는데, 여기에서 조금 더 살펴보면 세상이 변해가는 방향을 짐작할 수 있다. 핵심은 '매칭'이다.

매칭은 '이쪽과 저쪽이 어울릴 수 있도록 짝 맺음을 해주는 것'을 말한다. 방대한 빅데이터를 바탕으로 인공지능이 개인 맞춤형 추천을 해준다.

AI 기술은 많은 양의 데이터를 신속 정확하게 분석해준다. 사람이 따라갈 수 없는 속도다. 분석이 끝나면 조건에 맞는 자료 및 정보를 추천(매칭)해준다.

몇몇 분야에서는 이미 AI 매칭 서비스를 선보이고 있다. 인공지능의 일자리 매칭도 그렇다. 기존에 구직자는 일자리를 찾기 위해 상당 시간을 사용해야 했다. 기업은 적합한 인력을 구하기 위해 많은 시간을 썼다. 구직자 또한 자신에게 적합한 기업을 찾기 위해 많은 시간을 써야만 했다.

그런데 구인·구직 시장에 AI 매칭 서비스가 개발 도입되어 적극 활용되고 있다. AI 매칭 프로그램은 구직자의 직무 능력과 개인 속성, 노동 이력 등과 기업이 원하는 인력 조건을 고려하여 구직자와 기업을 매칭시켜 준다.

AI 매칭 기술은 일자리 매칭뿐만 아니라 게임 분야, 그리고 남녀의 사랑에 관한 분야 등으로 확산하는 분위기다. 미국의 데이터분석 서비스 기업인 피스컬노트(FiscalNote)는 미국 의회와 정부

데이터, 상하원 의원들의 영향력 정보를 AI로 분석하여 입법 가능성을 예측하기도 한다.

이러한 매칭 기술은 산업에서도 그리고 우리 삶에서도 필요한 부분이기 때문에 다양한 분야에서 적극적으로 개발되어 사용되고 있다.

앞으로의 세상은 기술의 발전과 함께 적재적소에 적절한 정보가 활용될 수 있도록 하는 것이 관건이 될 것이다. 이것과 저것, 여기 있는 것과 멀리 떨어져 있는 것을 매칭하는 사람의 감성과 판단력 또한 더욱 중요해지고 있다. 방대한 정보를 판단하고 적절하게 매칭(융합)할 수 있는 능력이 우리 아이들이 살아갈 미래에 필요한 능력으로 떠오르고 있다.

사람과 기계,
대립 아닌 공존의 시대

러다이트 운동은 1811년 영국의 중부 북부의 직물공업 지대에서 일어났던 기계 파괴 운동이다. 산업혁명으로 인해 기계가 사람보다 우위를 점하게 되자 경쟁에서 패배한 수공업자들이 일으킨 운동이다. 말하자면 테크놀로지로 인한 추방에 맞선 인간의 저항이었다. 이 운동은 발전하는 산업기술에 대한 사람들의 저항이라는 점에서 기계(AI)와 사람의 공존을 모색하고 있는 오늘날을 떠올리게 한다.

기계가 똑똑해짐에 따라 많은 이들이 묻는다. 사람보다 기술이 더 앞서가니 사람이 기계에 종속되는 건 아닌지, 로봇에 지배되는 영화 같은 현실이 펼쳐지는 건 아닌지를 걱정하고 있다.

테크놀로지에 대한 두려움

2015년 채프먼 대학 연구팀에서 미국 국민이 느끼는 두려움의 순위를 조사해 결과를 발표했다. 가장 큰 두려움은 테러나 핵전쟁 같은 인재였고, 그 다음이 테크놀로지에 대한 두려움이었다. 이 두려움은 죽음에 대한 두려움보다 7%나 높았다. 로봇이 사람의 일을 빼어갈 것이란 두려움이 얼마나 큰지를 보여주는 단적인 예다.

그런데 사람과 기계가 공존 가능성을 보여주는 사례도 있다.

얼마 전 우리나라 EBS의 한 프로그램에서 흥미로운 주제를 다루었다. 사람이 기계와 어떻게 공존할 수 있는지에 대해 물으며 한 가지 실험을 했다. 로봇과학자 데니스 홍과 서울대학교 장대익 교수의 '로봇 밀그램 실험'이다. 이 실험은 '틀린 답을 하는 사람에게 전기 충격을 준 스탠리 밀그램 복종 실험'을 응용한 것으로, 기계가 오류를 낼 때 사람이 어떻게 반응하는지를 보는 실험이다.

참가자들은 기계에 전기충격기를 직접 설치하고 연구원의 지시에 따라 기계를 작동시킨다. 6단계의 질문이 이어지고 오류가 나면 전압을 올리다가 급기야는 기계를 폐기하는 킬(kill) 버튼을 누르라고 지시한다. 이때 연구원이 그 지시를 따르는지 아닌지를 보는 실험이다. 참가자들은 불편함을 느낄 때 실험을 중단할 수 있다.

실험 결과는 사전에 기계와 교감했던 참가자들은 기계에 전기

충격을 가하는 일에 큰 고통을 느껴 킬 버튼을 누르지 못하는 경우가 많았다. 기계를 처음 본 참가자는 91%가 킬 버튼을 누른 데 반해, 사전에 기계와 교감했던 참가자는 27%만이 킬 버튼을 눌렀다.

우리는 이 실험의 결과에서 사람과 기계가 교감이 가능하다는 것을 알 수 있다. 기계는 기계일 뿐이라는 이성적인 생각은 있으나 가슴은 다르게 반응하고 있다는 실험 결과다. 기계에 인격을 부여하기도 하는 등 사람들은 기계와 대립보다는 공존의 시대를 열어갈 것이다.

어떻게 공존할 것인가의 문제

얼마 전 로봇융합연구원 관계자들을 만난 일이 있었다. 그들은 연구원에서 개발한 지능형 로봇을 보여줬는데, 사람이 해야 할 일을 대신하는 로봇을 보며 감탄할 수밖에 없었다. 로봇은 사람이 들어갈 수 없는 위험지대를 탐색하기도 하는 등 어렵고 힘든 작업을 척척 해냈다. 소방관을 대신하는 안전 로봇, 가스 배관이나 상수 배관에 들어가는 배관 로봇, 수중에 들어가는 수중 로봇 등 역할에 따른 다양한 로봇이 있었다. 이런 모습을 보면서 나는 "로봇이 얼마만큼 똑똑한지, 얼마만큼 작업을 대체하는지"를 물었다. 나의 호기심 어린 질문에 박사는 "로봇이 단순반복 업무는 잘하지만, 사람의 판단 능력을 따라가기 어려워요. 센서는 사람의 눈만큼 정밀하지 않고요. 다만 상시적으로 수집하는 데이터가 나오는 부분은 로봇이 빠르다"라고 설명해주었다.

로봇의 지능이 날로 높아지는 건 사실이지만, 돌발 상황에 대한 대처능력 등은 로봇이 사람을 따라갈 수 없다고 말했다. 그러면서 "기계는 기계일 뿐이고 다만 똑똑해지는 기계를 활용해서 어떻게 문제를 해결하고 잘 공존할 수 있을지를 고민하는 게 필요하다"고 말을 이었다.

공감이 가는 말이다. 우리는 기계와 인간의 대립에 시간과 생각을 소모한다. 물론 기계의 발달이 사람의 일자리에 지각변동을 일으키고 있는 것은 사실이다. 그러나 이를 대립의 시선으로 볼 필요는 없다. 일이 없어지는 만큼 다른 분야에서는 생겨나기도 하기 때문이다.

중요한 것은 미래 사회에는 지금보다 훨씬 더 사람과 기계의 공존이 이루어질 거란 사실이다. 인간과 기계의 공존은 이미 시작되었다. 이런 토양 위에서 우리 아이들은 어떻게 기계와 공존할 수 있을지를 질문하고 방법을 찾아가야 한다. '누가 선점하느냐'도 중요하고 '어떻게 공존하느냐'도 중요하다. 그 빅픽처를 그릴 주체는 사람이란 사실만 기억하고 있으면 된다.

2 장

교육의 역할이 더욱 중요해지고 있다

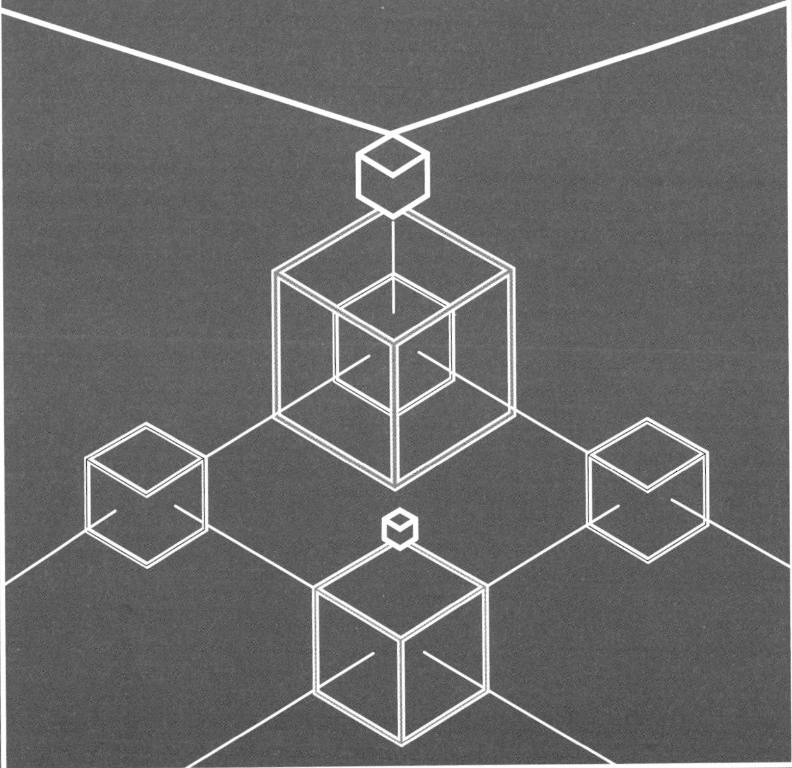

우리 아이들이 살아갈 미래는 인재전쟁의 시대이기도 하다. 이 전쟁을 이끌 인재의 확보가 나라와 기업에게는 곧 생존전략이 될 수 있다. 그래서 더욱 미래 시대에 적합한 인재에 대해 고민해야 하고, 적절한 기준을 만들어가야 한다.

기술전쟁 그리고 격화되고 있는 인재전쟁

앞에서 아이들에게 펼쳐질 미래 사회가 어느 정도 그려졌다면, 이제 우리가 고민해야 할 것은 '산업과 일자리의 변화와 이동에 대응하는 인재는 누구이고 어떻게 될 수 있는가'이다.

지금 세계는 인재전쟁 중이다

그동안 우리는 역사의 소용돌이 속에서 많은 전쟁을 치러왔다. 영토전쟁부터 산업전쟁에 이르기까지 수많은 전쟁을 치르며 인류는 발전과 쇠퇴를 거듭해왔다.

정보화 시대가 열리면서 어떤 이들은 "소리 없는 총성이 가득한 전쟁이 시작되었다"고 표현하기도 했다. AI 시대에 본격 돌입하면서 소리 없는 총성이 가득한 '기술전쟁'이 치열하다 못해 뜨거운 상황이다. 이 기술전쟁과 함께 또 다른 전쟁이 치열하게 전개되고 있는데, 바로 인재전쟁이다. 한쪽에서는 일자리의 이동과 함께 없어질 일자리를 걱정하고 있는데, 다른 한쪽에서는 인재전쟁이라니 아이러니하게 느껴질 수도 있지만 실제로 그런 일이 벌어지고 있다.

전국경제인연합회는 보고서에서 2025년에 AI 산업이 1,000조원 규모의 시장을 창출할 것으로 내다보고 있고, 맥킨지는 AI 산업이 7,000조원에 달하는 파급 효과가 나타날 것으로 예상하고 있다.[2] 이런 가운데 전 세계 글로벌 그룹이 AI 기술 개발에 박차를 가하면서, AI 전문가들로 팀을 만들어 프로젝트를 진행하느라 여념이 없다. 국가와 기업의 AI 역량에 따라 앞으로 수십 년간 기술 격차와 성과의 차이가 발생할 수 있기 때문이다. 맥킨지는 AI 선두 기업은 2030년까지 지금보다 122% 많은 경제적 가치를 창출할 수 있지만, AI 하위 그룹이 만들어내는 경제적 가치는 23% 하락할 수 있다고 전망하고 있다.

2 〈인공지능분야 현황과 과제〉, 전국경제인연합회(2021), 〈AI 프런티어로부터 노트〉, 맥킨지보고서(2018).

상황이 이러한데 우리나라는 AI 인재가 턱없이 부족하다. 엘리먼트 AI는 국가별 AI 고급 인력을 발표했는데, 우리나라는 405명으로 매우 부족한 것으로 조사됐고, 고급핵심 인재 대부분은 미국, 중국, 유럽에 집중되어 있다고 발표했다.

이러한 상황 앞에서 세계의 기업들은 인재를 어떻게 육성하고 영입할 것인지를 두고 머리를 싸매고 있다. 그러니까 세계는 지금 인재전쟁 중이다.

많은 나라와 기업들은 인재 양성에 나서고 있다

AI 분야뿐만이 아니다. 미래 사회는 끊임없이 변화하는 기술과 함께 살아가야 하는 시대이기에, 이런 변화에 적극적으로 대응할 수 있는 인재가 필요하다. 새로운 기술을 개발하고 활용할 수 있는 인재가 필요한 것이다.

이를 위해 이미 많은 나라와 기업들은 인재 양성에 나서고 있다(여러 나라와 기업들의 인재 양성에 관해서는 〈4장 세계 교육 트렌드를 읽으면 미래 인재 교육이 보인다〉 참고).

미국의 경우, 스템(STEM) 교육을 통해 인재 양성에 적극적이다. 과학(Science), 기술(Technology), 공학(Engineering), 수학(Mathematics)의 약자를 딴 STEM 교육은 수학·과학 과목을 통해 비판적 사고력, 문제 해결력, 추론 같은 역량뿐만 아니라 적응력, 협업 능력과 같은 역량도 함께 키우는 교육 시스템이다. 스템 교육은 미국의 번영을 위한 성장엔진이며, 학생들에게 커리어 탐색의 기초가 되고 있다. 미국의 트럼프 전 대통령은 이 교육이 모든 미국 국민에게 이루어져야 한다고 주장하기도 했다.

"모든 미국인은 평생 동안 양질의 STEM 교육을 받을 것이고, 미국은 STEM 소양, 혁신, 고용 부문에서 세계적 리더가 될 것이다. 이것이 미국의 비전이다."[3]

우리 아이들이 살아갈 미래는 인재전쟁의 시대이기도 하다. 이 전쟁을 이끌 인재의 확보가 나라와 기업에게는 곧 생존전략이 될 수 있다. 그래서 더욱 미래 시대에 적합한 인재에 대해 고민해야 하고, 적절한 기준을 만들어가야 한다.

---

3 〈STEM 교육 위원회 보고서〉, 미국 국가과학기술심의회.

변화에 교육은 적극 대응해야 한다

빛의 속도를 뛰어 넘는 기술 발전 속도

인류 역사는 산업의 변화와 함께 발전해 왔다. 인류는 끊임없이 기술을 업그레이드시켜왔고, 업그레이드된 기술은 다시 인류의 대응을 요구하고, 이는 다시 기술 발전으로 이어지는, 인류와 기술의 발전은 톱니바퀴가 맞물려 돌아가는 관계를 지속해왔다.

다만 우리 아이들이 맞이하고 있는 현 사회는 속도전이 되었다는 점에서 이전과 그 양상이 크게 다르다. 과거의 변화 속도가 걷기 수준이었다면, 현재 혹은 미래는 뛰기를 넘어 전력 질주 수준이다. 기술 융합의 미래를 다루고 있는 책 《컨버전스 2030》에서는 "미래는 우리의 생각보다 빠르고, 기술 발전이 빛의 속도를 뛰어 넘는다"고 표현하고 있다. 빛의 속도는 물질 중 가장 빠른 속도인데, 과장된 표현이란 생각이 안 든다.

현재의 변화를 표현하는 수식어가 여러 개다. 그중에서도 'DNA'는 과학기술이 변화를 주도하고 있는 현 사회를 참 잘 표현하고 있다는 생각이 든다. DNA는 데이터, 네트워크, 인공지능의 앞 글자를 따서 만든 용어다. 앞으로의 세상의 변화를 나타내는 키워드로 주목해야 한다.

똑똑한 기계의 출현은 전혀 새로운 산업의 출현을 이끌고 있고, 이전과는 전혀 다른 세상을 만들어가고 있다. 그 변화의 한가운데에서 우리 아이들은 살아갈 것이다.

사라지는 시장, 새롭게 생겨나는 시장

세계경제포럼은 앞으로 10년 안에 지금의 일자리의 50%가 자동화된다고 예상하고 있다. 로봇과 컴퓨터가 사람이 하고 있는 일 중의 절반을 대체한다는 의미다.

물론 지금까지도 인간의 일자리를 기계가 대체하는 일이 끊임없이 진행되어 왔다. 예컨대 세계적인 기업이었던 제너럴모터스는 1979년에 60만 명을 고용했다. 이로부터 40년 후의 세계적인 기업인 구글의 고용 인원은 6만2천여 명이다(2015년 기준). 업종도 다르고 상황도 다르지만 여하튼 10분의 1이 줄어든 것은 사실이다.

2018-2028년 사이 일자리 증가 상위 10개 직업(미국)[4]

구분	10년간 증가	2018년	2028년
1. 간호사	371,500	3,059,800	3,431,300
2. 소프트웨어 개발자	241,500	944,200	1,185,700
3. 일반 및 운영 관리자	165,000	2,376,400	2,541,400
4. 재무관리자	104,700	653,600	758,300
5. 경영분석가	118,300	876,300	994,600
6. 시장조사분석가/마케팅 전문가	139,200	681,900	821,100
7. 관리자	68,500	1,079,600	1,148,100
8. 의료/건강서비스 관리자	71,600	406,100	477,600
9. 내과/외과 의사	33,700	433,700	467,400
10. 컴퓨터/정보시스템 관리자	46,700	414,400	461,100

미국 노동 통계국이 발표한 향후 10년간 일자리의 증가에 관한 자료를 살펴보자. 앞으로 늘어나게 될 일자리 상위 10개 목록을 살펴보면, 간호사와 소프트웨어 개발자의 일자리가 늘어날 것이란 예측을 볼 수 있다. 또한 10개 항목 대부분이 의료와 기술 직종에 분포되어 있다.

---

4 〈비즈니스 인사이더〉, https://www.businessinsider.com/best-high-paying-fast-growing-jobs-of-the-future-2019-9)

우리나라에서도 발표한 자료가 있다. 앞으로 인공지능(AI)이 만드는 새로운 산업과 시장에 대한 보고서다. KT경제연구소가 발표한 이 보고서에 따르면 새롭게 형성되는 산업과 시장에 대해 나와 있다. 똑똑한 로봇이 사람의 일을 대체하고 있음을 알 수 있다.

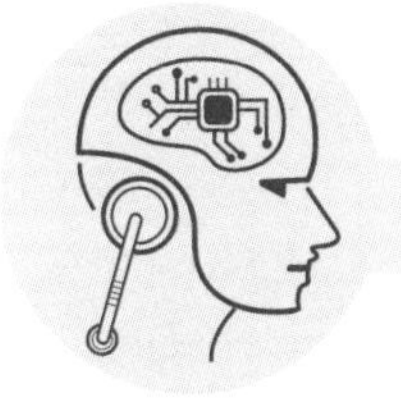

인공지능(AI)가 만드는 새로운 시장들

• 비즈니스 환경변화
서류관리 및 데이터 분석 등 AI 기반 자동화
전문성 업무(번역, 법률 등)에 AI 도입 활발

• 인텔리전트 시큐리티
빅데이터 분석에 따른 범죄예측 및 예방
사람 행동 분석으로 이상 행동 사전 감지

• 맞춤형 스마트 교육
학생 개별에 맞는 콘텐츠 제공
AI기반 대학 커리큘럼 설계 지원

• 자율형 안전보장 로봇
재해지역에서 구조 활동
극한환경에서 자율적으로 활동

• 인텔리전트 커머스
점포에서 얼굴인식으로 자동 추천 서비스
구매데이터 분석으로 맞춤형 광고 제공

• 자율주행
자율주행차 신규 제조업체 등장 예상

• 자율 배송유통
자율화물배송, 무인화물선, 드론자율배달
물류창고 내 AI 로봇 이용

• AI 기반 핀테크
주식, 투자 상품의 로보어드바이저
은행대출 업무, 금융상품 자원 업무

• 차세대 제조업
운송트럭차량 자동 제조
AI 기반의 맞춤형제조

• 인텔리전트 스마트홈
지능형 스마트 가전이 삶을 편리하게
거주공간의 지능화로 노인 케어에도 변화

• 인텔리전트 메디컬 케어
바이탈데이터 및 유전자 정보활용 건강관리
의료진 대상 서포트 서비스 등장

• AI 기반 스마트 농업
농작업 자동화 및 드론 이용한 정밀농업
AI기반 기상예측 및 농업보험 등장

〈출처: KT경제연구소〉

교육이 적극적으로 대응해야 한다

그럼 사람은 뭘 하지?

당연히 이런 걱정과 염려가 시작된다. 하지만 일자리가 사라진다고 해서 사람이 할 일이 사라지는 건 아니다. 그동안에 산업 발전이 그래왔던 것처럼, 새로운 산업이 생기면서 새로운 일자리가 생기게 될 것이다.

이와 같은 기술의 지각변동에 따라 경제를 주도하는 산업군도 바뀌고 있고 그에 따른 일자리의 양상도 바뀌고 있음을 아이들에게 교육을 통하여 제대로 가르쳐야 한다. 교육이란 사람이 삶을 영위하는 데 필요한 것을 가르치고 배우는 과정이기에, 교육의 주체인 아이들이 살아가야 할 세상에 대해 정확히 배워야 하는 것은 당연히 필요하다. 아이들에게 이 같은 세상의 변화를 적시에 알려줘야 하고 이에 대응하게 해야 한다.

디지털 네이티브 세대에게 어떤 교육이 필요한가

다행히 우리 아이들은 급변하는 시대에 적응할 능력을 갖추고 있다. 아이들은 디지털 네이티브 세대이기 때문이다.

태어날 때부터 디지털 기기에 둘러싸여 성장한 세대를 '디지털 네이티브 세대'라고 한다. 이 말은 미국의 교육학자 마크 프렌스키가 〈디지털 네이티브〉라는 논문에 처음 사용한 것으로, 밀레니얼 세대를 잇는 Z세대(2000년대 초반 태생)와 비슷한 의미를 지니고 있다. 덧붙이자면 Z세대는 기존의 X세대 Y세대에 비해 개인주의 성향과 실용적 가치를 훨씬 우선시한다는 특징이 있다.

실제로 우리 아이들의 삶을 들여다보면 부모 세대와는 완전히 다른 세상을 산다. 부모 세대는 아날로그와 디지털 시대를 거쳐 오며 아날로그와 디지털이 혼재되어 있지만, 이들 세대는 디지털 환경이 너무도 익숙하고 당연하다. 그 아이들이 사회로 나가게 되는 때는 2030년 이후가 될 터인데, 그때의 사회 모습은 더욱 AI와 친숙한 세상일 것이다.

AI 시대가 본격화될수록 교육의 역할이 더욱 중요해진다

어떤 사람은 컴퓨터나 로봇이 사람의 일을 다 해주는 사회에서 '교육이 필요한가'라는 의문을 제기하기도 하지만, 그건 큰 오산이다. 인류의 역사는 교육을 통한 도전과 응전의 연속이었다.

사람과 기계의 공존의 시작점이라 할 수 있는 산업혁명을 보자. 기술의 발달로 대량생산 체제로 바뀌면서 기계가 사람의 일을 대신하게 되었다. 산업화로 인해 사람들은 기계에게 일자리를 빼앗겼지만 곧 신기술을 습득한 그들의 후예들은 다시 일자리를 찾았다. 교육이 힘이다. 신기술을 습득한 사람들은 편리함을 좇아 더 나아간 기술을 만들었고, 그렇게 교육과 함께 오늘에 이르렀다.

《AI 시대의 고등교육》[5]에 의하면 "기술적·사회적 변화에 대처하려 할 때마다 사람들은 언제나 자신의 교육을 향상하는 식으로

5 《AI 시대의 고등교육》, 조지프 E. 아운 지음.

대응해왔다. 가장 좋은 상태의 고등교육이란 사회와 동떨어진 게 아닌 사회라는 옷감을 관통하는 실처럼 사회의 패턴에 스스로를 맞추어 가는 일"이라고 표현하고 있다. 그러면서 앞으로 바뀌어 갈 변화 앞에서 교육이 나아가야 할 방향에 대해 말한다.

"이제는 기계의 잠재력 역량, 즉 기계의 지능에 한계가 없는 것처럼 보인다. 이런 시대에 고등교육의 역할은 무엇인가. 한마디로 말하면 사람들이 일평생 배움을 이어감으로써 기계가 하지 못하는 일을 할 수 있는 능력을 길러주는 것이다."

즉, 우리가 디지털 네이티브인 아이들에게 해야 하는 교육은 "사람만이 할 수 있는 능력을 배울 수 있도록 하는 것"이다. 그러기 위해서는 아이들이 살아갈 미래 사회가 어떤 능력을 요구할지 알아야 한다. 교육이 과거를 답습해서는 곤란하다.

이공계 기술력에 인문학 소양의 융합

언젠가 기업인을 대상으로 '직원이 갖췄으면 하는 역량'에 대해 물었다. 가장 많은 대답을 얻은 역량은 '리더십'과 '협업 능력'이었다. 실질적인 기술이 아니란 점이 놀라울 것이다. 리더십이나 협업 능력은 사회에서 다른 사람들과 상호작용함으로써 습득할 수 있는 사회적 역량이다. 물론 기술적 능력에 대한 요구도 있었지만 리더십이나 협업 능력보다는 아래에 있었다.

반면 어떤 조사에서는 전문 기술력이 필요하다는 결과도 나왔다. 전문 네트워킹 사이트인 링크드인에서 〈현재와 미래에 당신을 채용 가능하도록 만들어 주는 상위 기술 목록〉을 발표했는데, 세계 직업 시장에서 가장 가치 있는 기술로 '클라우드 컴퓨팅과 분산 컴퓨팅'이 꼽혔다. 그밖에 일자리와 관련한 상위 10대 기술은 모두 컴퓨터나 네트워크, 인공지능, 로봇과 관련한 것이었다. 약간은 상충되어 보이는 결과를 우리는 어떻게 해석할 수 있을까. 미래의 인재인 우리 아이들이 받아야 할 교육은 이공계의 기술력 위에 인문학적 소양이 융합되어야 한다는 의미가 아닐까 싶다.

실제로 가장 기술적인 산업인 중공업계에서도 시스템 사고에 능한 인재를 고용하고 있다. 산업 기술 지식과 역량을 기초로, 열린 마인드를 가지고 넓은 관점에서 상황을 이해하고, 시스템을 운용할 줄 아는 인재상을 원하고 있는 것이다. 앞으로 이러한 추세는 더할 것이다.

기술적 문해력, 데이터 문해력, 인간 문해력

조지프 E. 아운 교수는 《AI 시대의 고등교육》에서 "인간의 정신적 유연성과 창의성은 인간을 이 세상에서 가장 성공적인 종으로 만들어준 고유의 특성"이라고 말하며, 디지털 네이티브를 위한 교육의 방향성을 문해력(문자를 읽고 이해하고 쓸 수 있는 능력)으로 설명하였다. 그는 디지털 세계를 최대한 활용하면서 살아갈 수 있도록 해주는 세 가지 능력을 '기술적 문해력', '데이터 문해력', '인간 문해력'으로 제시한다.

기술적 문해력이란 '똑똑한 기계의 세계를 이해하고 사용할 수 있는 능력'이다. 미래 사회를 이끄는 핵심 기술에 대한 문해력을 갖추기 위한 학습이 필요하다는 뜻이다.

데이터 문해력이란 '홍수처럼 범람하는 데이터를 해독하고 맥락을 활용할 수 있는 능력'이다. 지금도 그렇지만 미래에는 더욱 넘쳐나는 데이터 속에서 살아가야 한다. 데이터를 분석하는 일은 기술적인 부분이 강화되어야 하는 것이고, 데이터의 맥락을 활용하는 일에서는 사고력이 필요하다.

그리고 인간 문해력이란 '사람을 이해하는 능력'을 말한다. 디지털 환경에서 살아가고 있지만 중요한 것은 사람들과의 강력한 네트워크, 즉 사람과의 관계이다. 사람을 이해하기 위한 교육, 이것은 인문학적 접근을 통한 자유로운 사고방식을 나누는 교육을 통해 만들어진다.

이처럼 아운 교수는 미래의 교육 방향으로 '기술', '데이터', '사람'을 제시하고 있다.

바뀌는 환경에 적응할 수 있는 역량을 길러주는 교육

나는 두 딸을 키우면서 우리 교육의 현실을 경험했고, 일터에서도 교육 현장의 목소리를 들으며 많은 분과 우리의 교육을 만들어가고 있기도 하다. 교육 현장은 미래를 지향하고 있다. 교육 환경이 부모 세대가 학교에 다니던 때와는 많이 달라졌다.

그러나 한편에서는 여전히 반 배치라는 이유로 아이들을 억지로 끼워 맞추고 있으며, 점수를 들이대며 큰돈을 투자하도록 부추기는 사교육이 성행하고 있다. 주입식 교육도 여전하다. 유용한 지식을 주입하는 것이 나쁘단 이야기를 하는 게 아니다. 주입된 지식을 자신의 것으로 만들어 자신의 생각으로 표현하고 실제 문제해결에 적용해보는 과정이 빠졌다는 게 문제다.

시대가 바뀌고 있다. 변화하는 시대에 잘 살아갈 수 있도록 교육도 바뀌어야 한다. 기계와 협업하여 창의적으로 문제를 해결할 수 있도록 교육이 이끌어야 한다. 또 빠르고 지속적인 기술의 발달로 평생교육이 더욱 필요해진 시대이니 계속 배워나갈 수 있는 힘을 길러야 한다.

자녀에게 미래 트렌드를 알려줄 정도의 공부는 해야 한다

글로벌 인재 전쟁이 격화되고 있다

구글, 아마존, 삼성 등 글로벌 기업들은 기업의 미래를 인공지능에 걸고 인재 확보 전쟁을 하고 있다. 구글에서 인공지능을 총괄하는 제프 딘은 세바시 강연(949회)에서 인공지능을 "사물을 똑똑하게 만드는 기술"이라 말한 바 있는데, 모든 산업 분야가 인공지능과 연결되고 있다. 인공지능이 산업의 파괴적 혁신을 이끌고 있다.

구글은 2014년 인공지능 스타트업 딥마인드를 4억 파운드에 인수했다. 딥마인드는 이세돌과의 대결로 잘 알려진 알파고를 만든 회사다. 구글 CEO 선다 피차이는 "구글의 미래 성장전략에서 인공지능이 중심 역할을 할 것"이라고 밝혔다. 2018년에는 '구글 리서치'를 '구글 AI'로 바꿨는데, 이는 구글의 모든 연구가 인공지능에 대한 연구라는 의미다. 구글은 '모두를 위한 인공지능'이라는 인공지능 사이트를 운영하고, 머신러닝 시스템인 '텐서플로'를 무료로 개방했다.

아마존은 추천 엔진부터 창고관리 로봇까지 인공지능과 통합되어 있다. 아마존의 음성비서 알렉사는 사람의 목소리를 분석하고 응답한다. 시애틀에 있는 무인 매장 아마존고는 인공지능 오프라인 매장이다.

삼성은 인공지능 연구 인력 1,000명을 목표로 5개국에 인공지능 연구센터를 설립했다.

이처럼 글로벌 기업들은 인공지능 분야에서 인재 확보 전쟁을 하고 있다. 인공지능 기술은 의료, 보안, 건설, 유통, 금융, 교육 등 모든 분야에 적용되어 혁신을 이끌고 있다.

트렌드의 변화에 민감해야 한다

'사물을 똑똑하게 만드는 기술인

인공지능'은 오래전부터 있었다. 인공지능은 긴 시간 동안 고양이와 강아지를 구분하지 못했지만 '스스로 똑똑해지는 법'을 배우기 시작하더니, 세계 최고의 바둑기사를 이겨버렸다. 이제는 모든 산업 분야에 인공지능 기술이 접목되고 있다.

미래를 만드는 기술 변화에 민감하게 주의를 기울여야 한다. 인류의 미래에 기술이 주는 영향력이 지대하기 때문이다. 특히 인공지능 기술이 앞으로 사회와 일상생활에 어떤 영향을 주는지 알아야 하는 시대가 되었다. 인공지능 기술 트렌드는 직접 인공지능을 개발하거나 연구하는 사람들만의 이야기는 아닌 것이다.

아이에게 트렌드를 이야기해 주려면 부모가 먼저 트렌드 변화에 눈과 귀를 열고 주시할 필요가 있다.

아이는 일상에서 부모에게 배우는 게 자연스럽다. 부모가 읽는 책, 부모가 보는 뉴스에서 세상의 트렌드를 자연스럽게 익히면 효과가 좋다. 꼭 분야의 전문가가 아니라도 최신 기술 트렌드를 다룬 책이나, 기술이 미래에 미치는 영향을 다룬 책에 관심을 갖고 틈틈이 읽을 필요가 있다. 또 아이들이 어렸을 때부터 과학기술을 다룬 동화책이나 잡지 등을 접하게 해주는 것도 좋다. 그러면 아이들은 자연스럽게 트렌드를 익혀나갈 것이다.

미래 교육에 대한 정보를 들을 수 있는 컨퍼런스

기술이 변하고 시대가 변하고 있다. 따라서 교육에 대한 요구도 바뀌고 있다. 미래 교육에 대한 정보를 얻기 위해 미래 교육 컨퍼런스에 사람들이 모인다. 교육 관련 대표적인 컨퍼런스는 '글로벌 인재포럼', 'SW 교육 페스티벌', '에듀테크 코리아포럼' 등이 있다.

글로벌 인재포럼은 인재개발 관련 포럼이다. 미래교육, 창의인재교육 등을 다루며, 매년 11월 초에 열린다. 글로벌 기업의 최고경영자, 세계적인 석학 등 국내외 저명인사를 초청해서 세상의 변화와 인재 양성 트렌드를 깊이 있게 다룬다. 직업교육에 대한 정보도 들을 수 있다.

SW 교육 페스티벌은 SW 교육, 인공지능 교육의 현재와 미래가 주제다.

에듀테크 코리아포럼은 교육 기술을 다룬다. 최신 교육 기술을 활용한 교육의 변화에 초점을 둔다.

컨퍼런스에서 직접 들으면 현장감이 있다. 우리가 만나기 어려운 저명한 석학들의 시대에 대한 통찰을 한자리에서 쉽게 만날 수 있다. 교육 트렌드를 보여주는 컨퍼런스에 직접 참여하면 변화를 몸으로 느낄 수 있다. 최신 교육 흐름에 대한 공부는 아이의 미래를 준비하는 데 힌트를 준다. 당장의 성적이 아니라 길게 생각해볼 기회가 된다. 여러 석학의 발표를 들으면 변화를 체감하고 내 생각이 정리된다. 일반인은 컨퍼런스 웹사이트에서 사전 신청하여 참석할 수 있다. 1년에 1회 정도 개최되기 때문에 일정을 미리 확인하는 것이 좋다.

시대 변화를 해석하는 공부가 필요하다. 최신 기술과 기술이 인류에 주는 함의를 이해하고 있어야 한다. 부모도 기술 변화와 기술 변화의 영향에 대해 자녀에게 알려줄 정도의 공부는 해야 한다.

3 장

누가 미래형 인재인가

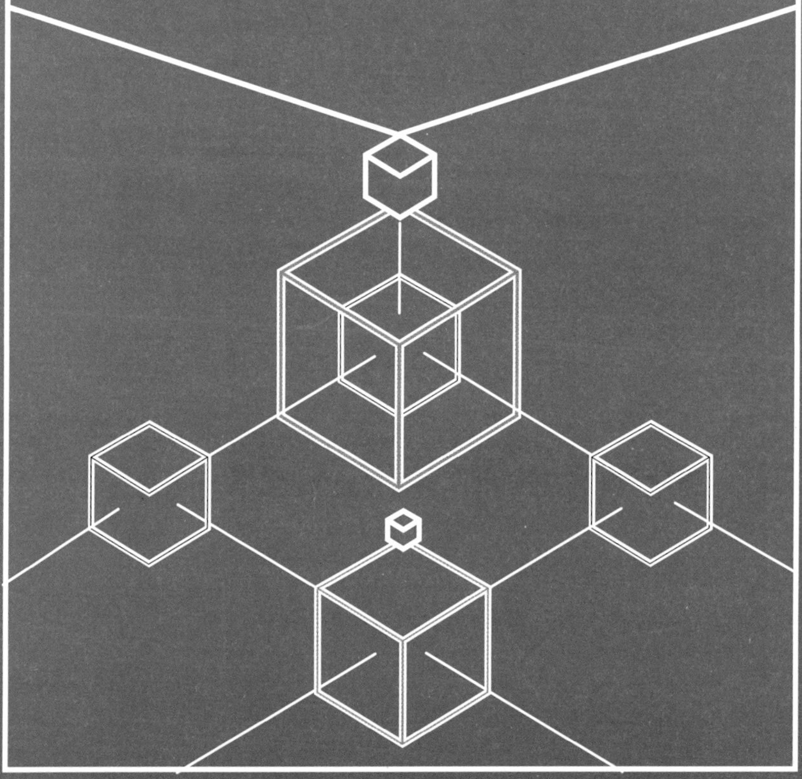

X1 : 미지의 능력(X)을 품고 있는 인재

X2 : 하나의 답이 아닌(X) 다양한 답을 추구하는 인재

X3 : 환경과 상황을 융합(X)하는 인재

자신만의 미지의 능력(X1)을, 다양한 시도를 통해 표현하고 (X2), 이를 사회(사람)와 융합해 나가는(X3) X형 인재는 미래 사회, 아니 지금 우리 사회가 요구하는 인재상이다.

X형 인재가 미래형 인재인 이유 3가지

"대체 한국에서 무슨 일이 일어나고 있습니까?"

MIT의 미첼 레스닉 교수는 컴퓨터과학 교수이자 미디어랩 교수다. 그는 어린이의 코딩 경험을 위해 설계된 교육용 프로그래밍 언어인 스크래치를 개발했으며, 아이의 창의성 개발 방법을 평생 연구했다.

2019년에 그는 글로벌 SW교육 컨퍼런스에 참석하기 위하여 한국에 왔다. 컨퍼런스의 강연에서 레스닉 교수는 한국 학생들과 관련된 에피소드를 하나 소개했다.

어느 날 아침 레스닉 교수가 스크래치 사이트를 열어보니 똑같은 코드 30개가 올라와 있었다.

'이상하다. 같은 프로그램이 여러 번 복사된 버그인가?'

하지만 유심히 살펴보니 모두 다른 주소에서 등록한 것으로, 버그는 아니었다. 코드란 시와 같아서 누구도 같은 것을 만들 수 없는데, 너무도 이상한 일이었다. 레스닉 교수는 무슨 일인지 나중에야 알게 되었다. 30명의 한국 학생들이 수업 시간에 배운 프로그래밍 방법을 완벽히 따라서 코딩 숙제를 했고, 그것을 스크래치 사이트에 업로드한 것이다.

"시가 자신을 표현하는 방식이듯, 코드도 자신을 표현하는 방식이기에 똑같은 결과가 나올 수 없다"고 말하는 레스닉 교수는 우리 관계자들에게 다음처럼 반문했다고 한다.

"대체 한국에서 무슨 일이 일어나고 있습니까?"

많은 변화에도 불구하고 우리 교육은 아직까지 한 방향으로 주입하고 받아들이는 면이 많다. 레스닉 교수가 쓴 《미첼 레스닉의 평생유치원》에 나오는 A형 인재, 그러니까 제시된 문제를 잘 푸는 A학점 인재에 여전히 목매고 있는 것 같다.

미래 사회의 인재는 A형 인재가 아닌 X형 인재

누군가가 미래 사회에 어떤 인재가 필요한지를 묻는다면 나는 한마디로 다음처럼 답하고 싶다.

자신이 잘하는 분야에 올인할 수 있고, 바뀌는 세상 속에서 다른 분야로 건너갈 수 있는 역량을 갖춘 사람. 좀 더 구체적으로 말하자면 일단 원하는 분야로 갈 수 있고, 거기 가서 뭔가 막히면 다른 분야로 건너가기 위해 계속 배울 수 있는 체력과 마인드를 갖춘 사람이다.

일단 '갈 수 있는 힘'과 다른 곳으로 '건너갈 수 있는 힘'을 동시에 갖추는 것이 앞으로 펼쳐질 미래 사회가 원하는 능력이 아닐까 싶다. 내 개인의 견해이기도 하지만 현재 많은 교육 보고서가 지향하는 바이기도 하다. 이러한 인재를 'X형 인재'로 표현하며, 조금 더 구체화해 보고자 한다.

사람을 무슨 무슨 유형으로 나누는 것을 좋아하지도, 맞는다고 생각하지도 않는다. 구분하는 순간 틀 안에 갇혀버리기 때문이다. 다만 이곳에서 X형 인재[6]를 말하는 이유는 누구나 이 유형에 속할 수 있으며, 이미 속해 있기 때문이다.

여기서 나는 X를 세 가지 의미로 정리해보았다.

X의 첫 번째 의미는 방정식에서 쓰는 '미지수 X'이다. 사람의 능력은 무한하다. 상상으로 우주를 품는 무한함도 있고 아직 드러나지 않은 잠재적인 힘도 있다. 그 미지의 능력(X)을 품고 그 능

---

6 중국 칭와대 천지닝 총장은 미래형 인재는 과거와 같이 A학점 인재가 아닌 X형, 즉 기꺼이 위험을 감수하고 새로운 것을 시도하는 인재라고 말한다.

력을 세상에서 뽑어낼 수 있는 인재가 바로 X형 인재이다.

X의 두 번째 의미는 '하나가 아닌(X)'이란 의미가 있다. 세상에는 답이 하나만 존재하는 것은 아니다. 앞으로의 세상은 더 다양한 가능성이 인정받는 세상이 될 것이다. 이런 세상에서 하나의 정답이 아닌 다양한 답을 찾아가는 X형 인재가 필요하다.

마지막으로 X는 곱셈 기호와 같다. 지금은 세상과 세상이, 사람과 사람이 시공간을 넘어 연결되어 새로운 것을 만들어내는 초연결의 시대이다. 이것과 저것을 융합하는 X형 인재가 이 시대의 인재인 이유이다.

X1 : 미지의 능력(X)을 품고 있는 인재

X2 : 하나의 답이 아닌(X) 다양한 답을 추구하는 인재

X3 : 환경과 상황을 융합(X)하는 인재

자신만의 미지의 능력(X1)을, 다양한 시도를 통해 표현하고(X2), 이를 사회(사람)와 융합해 나가는(X3) X형 인재는 미래 사회, 아니 지금 우리 사회가 요구하는 인재상이다.

미래를 여는 열쇠를 쥔 사람들

'화가' 하면 떠오르는 사람을 꼽아보라고 하면 제일 많이 등장하는 인물은 누구일까. 모르긴 해도 고흐 아니면 피카소가 아닐까 싶다. 특히 피카소는 그의 작품은 몰라도 이름 석 자 정도는 들어봤을 것이다. 왜? 특이하니까. 그의 작품은 기존의 그림들과는 많이 달랐다. 이것이 피카소가 높이 평가받는 이유이다. 그는 당시 남들이 하지 않는 방법으로 독특한 화풍을 창조해냈다. 예술을 향한 강한 열정과 자신 안에 내재한 미지의 창조력으로 그림의 지평을 넓혔다.

'특정 직업을 가진 사람'에서 '미래형 인재'로

창의적인 인재가 미래를 열어가는 일은 지금도 계속되고 있다.

수년 전까지만 해도 허황하게 들리던 우주 사업을 황금알을 낳는 거위로 만든 주인공이 있다. 일론 머스크는 지금 가장 핫하고 창의적인 사람으로 평가받고 있다. 차를 만들어본 적도 없던 그가 전기차를 양산하여 세계 자동차 시장을 흔들고 있고, 사람 두 명을 태운 유인 우주선을 쏘아 올려 우주정거장 도킹에 성공했다. 뿐만 아니라 우주인과 보급품을 우주로 실어 나르는 우주택시 사업, 수많은 미니 위성으로 전 세계에 인터넷을 제공하는 스타링크 사업 등 그의 창조적인 마인드가 우주를 인류의 생활 속으로 가져오고 있다.

미래학자 다니엘 핑크는 미래를 여는 열쇠를 쥔 사람이 '특정 직업을 가진 사람'에서 '미래형 인재'로 넘어가고 있다고 말하고 있다.

"지난 몇십 년은 특정한 생각을 가진 특정 부류 사람들의 것이었다. 코드를 짜는 컴퓨터 프로그래머, 계약서를 만들어낼 수 있는 변호사, 숫자들을 다룰 줄 아는 MBA 졸업생처럼 말이다. 하지만 왕좌의 열쇠는 교체되고 있다. 미래는 매우 다른 생각들을 가진 다른 종류의 사람들의 것이 될 것이다. 창조하고 공감할 수 있는 사람, 패턴을 인식하고 의미를 만들어내는 사람, 예술가, 발명가, 디자이너, 스토리텔러와 같은 사람, 남을 돌보는 사람, 통합하는 사람, 큰 그림을 그리는 사람들이 사회에서 최고의 부를 보상받을 것이고 가장 큰 기쁨을 누릴 것이다."

다니엘 핑크는 미래에 필요한 인재의 조건 중에 첫 번째로 창의성을 꼽았다. 창의적인 인재란 기존에 없던 뭔가 새로운 것을 만들어내는 인재를 말한다. 인류 역사에서 창의적인 인재는 새로운 것을 만들어 세상을 바꾸는 역할을 해왔지만, 미래 사회에서 창의적 인재의 역할은 더 확대될 것이다.

뭔가 대단한 발견, 발명만이 창조는 아니다

문제는 창의, 창조라는 말에 많은 사람들이 부담과 무게에 짓눌려 있다는 것이다. 하지만 미래 사회가 원하는 창의적인 사람은 인류를 변화시킬 뭔가를 발견하거나, 뭔가 대단한 발명품을 만드는 사람만을 의미하지 않는다.

미래학자 마거릿 보든 역시 앞으로의 시대에 가장 필요한 교육의 방향성으로 창조력을 꼽았는데, 그는 창조력를 세 가지로 말

했다.[7]

하나는 이미 존재하는 기존 규칙에서 실현 가능한 범위를 확장하는 탐구적 창조력이고, 또 하나는 서로 완전히 다른 두 개념을 상상하며 접목시키는 창조력이다. 끝으로 피카소처럼 완전히 다른 획기적인 변화를 만들어내는 변혁적 창조력이다.

지금껏 귀가 따갑게 들었던 창조적 능력, 창의적 능력에 대한 상당히 폭넓고 구체적인 설명이다. 창의력이란 다양한 방식으로 발휘되는 것임을 알려주고 있다.

여기서 나는 인천의 어느 중학교에서 있었던 수업을 소개하고 싶다. 지구의 내부를 배우는 수업이었는데, 학생들은 먼저 과학 선생님과 함께 고무찰흙으로 내핵, 외핵, 맨틀, 지각(지구는 지각, 맨틀, 외핵, 내핵으로 이루어져 있다)을 만들었다. 그런 다음 지구의 부피를 구하는 것은 수학 선생님과 함께했다. 학생들은 구의 부피 구하는 방법을 이용해 내핵, 외핵, 맨틀, 지각, 각각의 부피를 구한 후, 이를 가지고 지구의 부피를 계산하였다.

선생님도 학생들도 "구의 부피를 구하는 방식을 이용해 지구의 부피를 구하는 것은 처음 시도해보는 수업"이라 말하며 새로운 시도가 주는 결과에 뿌듯해했다는 전언을 들었다. 바로 이런 것이 창

7 《세계미래보고서 2021》, 박영숙, 제롬 글렌, 비즈니스북스

의가 아닐까? 미래에는 다양한 방법으로 창의력이 발휘되는 세상이 열릴 것이다. 이는 다양한 방식으로 미지의 능력을 창의적으로 발휘할 수 있어야 한다는 말이기도 하다.

창의력은 나만의 관찰에서 비롯된 생각에서 나온다. 자신의 시각으로 관찰하다 보면 당연히 생각이 생기고, 질문이 나오고, 다른 생각이 나온다. 그것을 발휘하면 창의력이 된다. 미래는 그런 창의적인 인재를 원한다.

유연한 사고를 할 수 있는가

하나의 정답이 익숙하고 편한 사회

2020년 직장인을 대상으로 한 글로벌 시장조사 업체 가트너의 조사 결과에 따르면, 주 40시간 근무를 통해 높은 성과를 낸 경우는 직원의 36%에 불과했다고 한다. 반면 직원들에게 언제, 어디서, 얼마나 일할지 알아서 정하는 유연성을 주었을 때, 직원의 55%가 더 나은 성과를 냈다고 한다.

이런 조사결과와 다르게 주변에서 보면 '알아서 하라'는 말에 오히려 불편함을 느끼는 사람이 많은 것 같다. 알아서 조건을 정하고, 알아서 시간과 노력의 정도를 정하는 일이 불편한 것이다. 왜 그럴까. 아마도 정해진 틀과 기준에 끼워 맞춰왔던 습관 때문일 것이다.

하나의 정답이 익숙하고 편하다. 사지선다형 시험문제를 죽어라 풀고, 오지선다형 시험지를 들여다보며 하나의 정답을 골라내는 데 온 신경을 집중해왔기 때문이다. 그러다가 시험문제에 '모두 고르시오'라는 문제가 나오니 당황스럽다.

지금까지 우리 사회는 이미 정해진 매뉴얼대로, 이미 정해진 길대로 따라가기만 하면 되는 사회였다. 정답을 잘 맞히는 사람이 서열의 앞줄에 서 있는 사회였다. 이런 시스템에서 누가 빨리 정답을 골라내는지 경쟁을 참 치열하게 했다. 하나의 답을 추구하는 사회에서 '왜?'라고 묻는 것은 일부의 독특한 사람들의 영역이었다.

변화무쌍한 시대를 살아가야 할 우리 아이들을 똑같이 하나의 정답을 골라내는 교육으로는 미래 사회에 필요한 인재로 키울 수 없다. 달달 외워서, 그리고 외운 것을 그대로 써내려가는 것으로는 미래 사회의 인재가 될 수 없다.

미래 사회는 변화라는 큰 물결과 함께 간다. 변화에 잘 적응해 나가려면 변화를 잘 받아들여야 한다. 다가올 미래를 거부감 없이 받아들이고 변화의 물결 속에서 헤엄칠 수 있어야 한다. 바로 변화를 받아들이는 유연성과 변화에 적응할 유연한 사고가 필요하다.

노력형의 한국 학생들이 외국 유학을 가면 단기간 안에 훌륭히 적응하고 게다가 성적도 잘 나온다고 알려져 있다. 성실하게 공부에만 올인하는 태도 때문이기도 한데, 이상하게 조교가 진행하는 실습형 수업은 곧잘 하는데 교수가 진행하는 열린 수업에는 처음에는 감을 잘 못잡는다고 한다. 정답 위주의 교육에 익숙하다 보니 여러 개의 답을 요구하는 교육 커리큘럼에 갈수록 적응하지 못해서이다.

서로 토론하고 협력하는 프로젝트에는 정해진 답이 없다. 다양한 의견을 나누고 교류하여 최선의 방법을 찾는 데 의의를 두고 있기에 여러 개의 정답이 허용된다. 이런 열린 추상적인 문제에 적응하려면 오랜 훈련이 필요하다.

미래 사회에는 유연성 있는 인재가 중요하다

스팀(STEAM) 교육을 우리나라에서 시작했을 때였다. 스팀 수업의 새로운 방식에 적응하지 못한 교실은 여기저기서 삐거덕 소리를 냈다. 정답 찾기에 익숙해 있던 교사와 학생들에게 유연한 사고로 주제에 접근해야 하는 구조가 영 안 맞았던 것이다.

그러나 시간이 지날수록 100명의 학생에게 서로 다른 100개의 답이 있다는 것을 인식하며, 수업은 점차 활기를 띠어갔다. 틀

릴까 봐 자신의 의견을 표현하지도 못하던 학생들이 손을 번쩍 들고 의견을 내기 시작했다. 모두의 의견에 귀 기울일 수밖에 없는 협업 수업을 통해 정답의 경계를 허물기 시작했다. 물론 이 같은 경계 허물기는 여전히 진행 중이다.

미래는 유연한 사고를 하는 인재를 원한다. 생각이 유연할 때 변화에 다양하게 접근할 힘이 생긴다. 답이 하나가 아니라는 걸 알기에 우회하기도 하고 잠시 속도를 늦추기도 한다.

AI 로봇을 개발하고 있는 한 로봇공학자는 기능이 아무리 높아져도 AI 로봇이 인간을 완전히 대체할 수 없는 것은 "로봇에게는 예측불가한 상황에 대처할 유연성이 없기 때문"이라고 답했다.

실제 상황에서 돌발 변수는 너무도 많다. 이런 다양한 변수에 아무리 똑똑한 인공지능 프로그램이라 하더라도 모두 대처할 수는 없다. "상황은 무한대인데 이것을 일일이 데이터화할 수는 없어요. 유연한 사고를 지닌 사람만이 대처 가능합니다"라고 말하며, 미래 사회에는 유연성 있는 인재가 중요하다고 강조했다.

변화무쌍한 시대가 열리고 있다. 그 변화에 대처할 수 있는 능력은 부드럽게 휘어질 수 있는 인간의 유연성이 아닐까.

초연결 시대의 미드필더, 연결자

연결자의 중요성이 점점 커지고 있다

축구는 넓은 그라운드를 열한 명의 선수가 종횡무진 뛰어다니는 경기이다. 자세히 보면 각자의 영역이 있다. 공격수는 골문 가까운 곳에 포진하여 기회를 노리고, 수비수는 상대방의 영역 쪽으로 접근하며 상대방의 공격을 막아낸다.

여기에 미드필더가 있다. 공격수와 수비수를 연결시켜 주는 포지션으로, 공간을 자유롭게 누비다가 공격 타이밍에 공격수에게 공을 넘기고, 여의치 않을 땐 수비수에게 공을 돌린다. 한마디로 수비와 공격을 조율하는 플레이 메이커다. 축구라는 경기가 골을 집어넣음으로써 화려하게 빛나고 그래서 공격수들이 각광을 받지만, 알고 보면 축구는 연결자(미드필더)의 역할이 매우 중요한 경기다. 갑자기 미드필더 얘기를 꺼내는 것은 우리 사회에서 미드필더, 즉 연결자의 중요성이 점점 커지고 있기 때문이다.

이것과 저것을 연결시켜 가치를 창출하는 사회

4차 산업혁명 시대를 3초 시대라고 이야기한다. 초고속, 초연결, 초지능의 시대라는 말로, 빠름과 연결, 기술력이 키워드인 시대이다. 코로나19로 비대면 시대가 열리면서 아이러니하게도 '연결'의 중요성이 더욱 부각되고 있다. 대면하지 않아도 온라인 네트워크로 세상의 모든 것이 연결되는 시대가 열리고 있어서다.

1990년대에 일어난 IT 혁명은 세상을 연결시켜 주었다. 이렇게 모든 것의 연결이 기술적으로 가능하게 되자, 세상은 연결이 만들어내는 가치 창출에 주목하고 있다. 예전에는 자신이 가지고 있던 자원만으로 가치를 창출했지만, 지금은 다른 사람들의 자원을 연결시켜 가치를 창출하는 방식이 가능해졌기 때문이다.

구글을 보자. 구글은 21세기를 상징하는 대표 기업이다. 구글을 세계 대표 기업으로 만든 근본적 힘은 이익 공유에 기반한 플랫폼 구축, 즉 연결이었다. 이 연결을 통해 구글은 4차 산업혁명 초연결 시대의 상징으로 떠오를 수 있었다.

이렇게 되기까지 이 기업의 영악함이 흥미롭다. 처음 그들은 사용자에게 이메일 서비스를 무료로 제공하는 대신 검색 데이터를 확보했다. 구글 독스, 구글 드라이브 등 무료 서비스를 이용하면 데이터가 구글에 쌓인다. 다양한 이익을 제공함으로써 구글은 사람들의 연결 통로가 되었고, 사람들이 모이자 빅데이터가 만들어졌다. 이는 AI 기술을 발전시키는 토대가 되었고, 오늘날의 구글을 만들었다.

누구나 가지고 있는 스마트폰이 더는 단순한 폰(전화기)만을 의미하지 않는다. 전화를 걸고 받는 기능은 스마트폰에 담겨 있는 수많은 기능 중 하나일 뿐이다. 스마트폰은 세상을 연결하는 플랫폼이자 가치를 창출하는 또 하나의 공간이다.

무엇과, 누구를 통해, 어떻게, 얼마나 연결할 수 있을까

얼마 전 노벨상 후보자로 올랐던 서울대 화학생물공학부 현택환 교수는 서울대로 자리를 옮기면서 나노 연구를 시작했고, 새로운 방법으로 균일한 나노입자를 만들었다. 이를 바탕으로 서울대 영상의학과 최승홍 교수와 협업하여 나노물질을 이용한 진단과 치료분야의 연구(산화철 나노입자를 이용한 안전한 MRI 조영제에 대한 연구)를 했고, 그 결과가 〈네이처 바이오메디컬 엔지니어링지〉에 실렸다. 이후에도 현택환 교수는 다른 분야의 연구자들과 협업하여 세계가 주목하는 결과를 만들어 냈다.

이처럼 지금 시대의 '최고의 결과'는 여러 분야의 것들이 모여 하나의 문제를 해결하는 과정에서 만들어지고 있다. 서로 다른 분야의 전문가들이 콜라보레이션(collaboration)을 이룰 때 최선의 결과가 나오는 시대다.

지금 세상은 여러 분야로 나뉘어 있다. 원래는 한 덩어리로 붙어있었는데, 세상이 변화하고 발전하면서 여러 분야로 쪼개졌다. 공부라는 것도 본래는 하나인데 편의대로 과목을 나누어 공부하도록 변화했다. 어쨌든 예전에는 그 쪼개진 부분에서 열심히 하면 그럭저럭 살 수 있었지만, 지금은 부분과 부분이 연결되어 결합할 때 시너지가 폭발하는 경우가 많아졌다. 아니 거의 대부분이 그렇게 되었다.

이렇듯 세상은 사람과 사람을 연결하고, 사람과 기계를 연결하여 생각하고 뭔가를 만들어낼 수 있는 인재가 중요해졌다. 이 산업과 저 산업, 이 지역과 저 지역, 자신의 분야와 다른 분야를 연결할 줄 아는 인재, 나의 성과와 다른 사람의 성과를 연결할 줄 아는 인재가 중요해졌다. 이제는 혼자 공부 잘해서 성공하는 시대는 끝난 것이다.

그렇다면 무엇과, 누구를 통해, 어떻게, 얼마나 연결할 것인가. 그것을 적절히 배분하고 설계할 수 있는지가 앞으로는 중요할 것이다. 이것이 초연결 사회에서 적응하고 또 살아가야 할 인재들이 바라봐야 할 지점이기도 하다.

결국은 문제해결력이다

"너는 공부만 해, 엄마가 나머지는 다 알아서 해줄게"

어느 날 회사에 한 중년 여인이 찾아왔다. 누구누구 부장을 찾았는데 한눈에 봐도 일로 온 게 아니었기에 직원들의 눈길이 그녀에게로 쏟아졌다. 부장 역시 잔뜩 긴장한 채로 그 중년 여인을 맞았는데, 그의 앞에 선 부인이 털썩 주저앉으며 무릎을 꿇는 게 아닌가. 당황한 부장은 왜 이러시냐며 일으켜 세우려 하자 그녀는 다급한 목소리로 말을 꺼냈다.

"부장님 죄송합니다. 제가 애를 잘못 가르쳐서 부장님께 누를 끼쳤습니다. 용서해주세요."

알고 보니 그 중년 여인은 한 신입사원의 어머니였다. 전날 업무를 제대로 처리하지 못해 질책을 받았고, 풀이 죽어 퇴근한 자식(신입사원)을 본 엄마가 회사로 출동하여 그 해프닝을 벌인 것이다.

드라마에서나 나올 법한 헬리콥터 맘(헬리콥터처럼 아이 주변을 돌면서 자녀를 과잉 보호하는 엄마를 지칭하는 말) 이야기 같지만, 실제로 있었던 일이다. 물론 좀 특별한 예이긴 하지만, 많은 부모와 아이들이 '모든 건 부모가 해결해주고 아이는 책상에 앉아서 책만 들여다보고 있으면 된다'고 생각하고 있는 것은 사실이다.

공부란 '문제를 해결하는 능력을 배우는 것'이다

사실 공부라는 것의 범위는 매우 넓다. 어떤 것에 대해 궁금해하고, 생각하고, 찾아보고, 관찰하고, 경험하고, 또 문제를 해결하는 모든 과정이 배우고 익힘, 즉 공부다. 한마디로 말하면 공부란 '문제를 해결하는 능력을 배우는 것'이다.

그렇다면 우리 아이들이 살아가야 할 미래 사회에서는 어떤 역량이 각광을 받을까? 아이들이 사회에 진출할 시점에 어떤 역량이 주목을 끌지는 정확하게 예측하긴 어렵지만, 분명한 건 과거 부모 세대가 성공하는 데 필요했던 역량과는 많이 다를 거란 사실이다.

최근 몇 년 사이에 기업에서 원하는 인재의 역량은 테크놀로지 관련 직종이 상승세를 타면서, 그에 관련된 하드웨어 기술 역량이 각광받고 있다.

링크드인은 매년 채용과 관련된 방대한 데이터를 분석하여 그 해 기업들이 가장 선호하는 역량 목록을 정리하는데, 2020년에는 2천만 개 이상의 직업과 전문가 6억6천명 이상의 데이터를 분석했다.

링크드인이 발표한 〈2020년에 기업이 가장 필요로 하는 역량 목록〉[8]에 따르면, 2020년 세계 직업 시장에서 가장 가치 있는 것은 블록체인 기술이다. 클라우드 컴퓨팅과 분석추론, 인공지능, UX 디자인(사용자경험 디자인) 등이 그 뒤를 이었다.

이처럼 기업들은 블록체인, 클라우드 컴퓨팅 같은 하드웨어 기

2020년 기업이 가장 필요로 하는 역량

소프트 스킬	하드 스킬
1. 창의성	1. 블록체인
2. 설득력	2. 클라우드 컴퓨팅
3. 협업 능력	3. 분석추론
4. 적응력	4. 인공지능
5. 감성지능	5. 사용자경험(UI) 디자인

(출처: 링크드인)

8 〈2020년 기업이 가장 필요로 하는 역량 목록〉, 링크드인.

술을 가진 인재를 원했다. 소프트웨어와 인공지능 기술이 세상의 변화를 주도하고 있는 상황에서 당연한 결과이고 당분간은 이 추세가 지속될 것이다.

〈2020년에 기업이 가장 필요로 하는 역량 목록〉은 하드 스킬과 함께 기업들이 필요로 하는 소프트 스킬을 발표하였는데, 창의성, 설득력, 협업 능력, 적응력, 감성지능 등이 포함되었다.

즉 AI 시대의 많은 기업이 AI, 블록체인과 같은 하드 스킬과 함께 문제나 과업을 창의적으로 해결하는 데 필요한 창의성, 고객과 팀원들을 설득할 수 있는 설득력, 팀원으로서의 협업 능력과 적응력, 자신의 감정과 다른 사람의 감정을 원활하게 교류할 수 있는 감성지능 등을 갖춘 인재를 선호하였다.

결국은 문제해결력이다

기업들이 선호하는 하드 스킬을 자세히 살펴보면 공통점이 있다. 모두 IT 관련 역량을 활용하면서 어떤 문제를 해결해야 하는 역량이다. 예를 들어 분석추론은 데이터를 분석하고 추론하는 일이다. 거기서 통찰을 얻어 비즈니스에서 최선의 의사결정을 내린다. 사용자경험 디자인(UI 디자인)은 사용자들이 제품[문제]을 직관적으로 쓸 수 있도록 디자인하는[해결] 일이다.

목록에 포함된 소프트 스킬 역시 문제해결과 관련 있는 역량들이다. 창의력을 발휘하고, 상대방을 설득하고, 협력하고, 감정을 나누며 일하는 과정은 문제를 해결해 가는 과정이다.

최근에 재미있게 본 수업 사례가 있어서 여기에 잠깐 소개해보겠다.

학생 둘이 짝이 되어 하는 활동으로, ① 먼저 한 명이 그림을 그린다. ② 그러고 나서 어떻게 그렸는지를 생각해서 그림 그리는 순서를 글로 표현한다. ③ 글을 읽어주면 ④ 다른 한 명이 그걸 듣고 머리에 떠올리며 그림을 그린다. ⑤ 그런 후에 두 그림이 같은지 비교한다. ⑥ 두 그림이 다르다면 어떻게 해야 비슷한 그림이 될지를 함께 써 본다.

이 수업은 창의력, 설득력, 협업 능력, 감성 지능 등을 발휘해서 문제를 해결해 가는 과정이 잘 담겨 있는 사례이다.

위의 여러 사례는 앞으로 사회가 어떤 인재를 요구하고 있는지를 보여주고 있다고 생각한다. 미래에는 해결해야 할 문제가 훨씬 복잡해질 것이다. 이에 따라 복잡한 문제를 해결하는 능력을 지닌 인재가 필요해지는 건 당연한 일일 것이다.

4장

세계 교육 트렌드를 알면 미래 인재 교육이 보인다

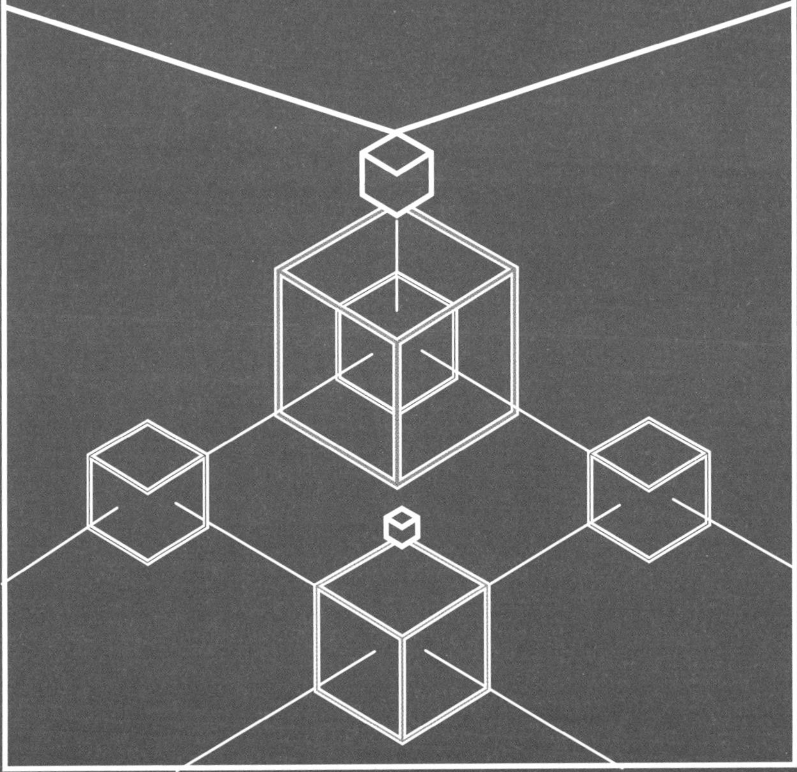

싱귤래리티 대학이 추구하는 핵심은 '기술'과 '미래'다. "폭발적으로 발전하는 미래 기술을 활용해 인류가 직면한 문제를 해결하도록 노력한다"는 목표로 대학을 설립하였다. 싱귤래리티 대학은 AI 시대에 미래 교육을 가장 실질적으로 추구하는 곳이기도 하다.

경험 학습을 통해 비대면 학습의 장을 열다 - 미네르바 스쿨

왜 하버드나 서울대를 포기하고 미네르바 스쿨을 선택할까

학교에 캠퍼스가 없다. 전 세계를 돌아다니며 비대면 온라인으로 공부한다. 학기별로 기업의 인턴십을 진행한다. 전통 명문대인 하버드, 예일, MIT보다 가기 어렵다.

미네르바 스쿨을 수식하는 말이다. 2014년에 개교한 미네르바 스쿨은 참신한 커리큘럼과 독특한 수업으로 온라인 수업 시대를 열어가는 미래형 대학이다. 얼마 전 서울대학교에 합격한 학생이 서울대 진학을 포기하고 진학한 대학으로도 유명새를 탔다.

이 학교가 얼마나 인기 있는지 알려주는 지표가 있다. 2018년

미네르바 스쿨은 캠퍼스가 없다. 전 세계를 돌아다니며 비대면 온라인으로 공부한다.
학기별로 기업의 인턴십을 진행한다.
전통 명문대인 하버드, 예일, MIT보다 가기 어렵다.
(출처 : 미네르바 스쿨 홈페이지)

신입생 모집 정원 200명에 70개국 2만3천명이 지원했으니 무려 115대 1의 경쟁률이다. 그렇다면 왜 세계의 학생들이 하버드나 서울대를 포기하고 캠퍼스가 없는 미네르바 스쿨을 선택할까.

캠퍼스가 없는 미네르바 스쿨이지만 전 세계 7개 도시에 기숙사에서 생활한다. 학생들은 기숙사 위치를 3~6개월마다 바꾸는데 1학년은 샌프란시스코(미국), 2학년은 서울(한국)과 하이데라바드(인도), 3학년은 베를린(독일)과 부에노스아이레스(아르헨티나), 4학년은 런던(영국)과 타이페이(대만)에서 생활한다. 학생들은 기숙사에서 대륙을 넘나들며 수업을 받게 되는데, 대학 시절의 대부분을 여러 대륙에서 보내고 다양한 문화를 접하고 받아들인다.

실제 상황에서 적용하는 능력을 키우는 게 목적

미네르바 스쿨 수업은 수업, 과제, 실습으로 구성된다. 모든 수업은 능동학습포럼 플랫폼의 화상 채팅을 통해 이루어지고, 주말엔 지역사회의 일원이 되어 사람들과 어울린다. 전 세계에서 기숙사 생활을 하고 실습을 병행한다. 뿐만 아니라 다양한 문화와 다른 도시의 삶에 직접적으로 노출됨으로써 세계와 지역 사람들에 대한 이해의 폭을 넓힌다.

수업은 거꾸로 학습 모형을 활용해 능동학습을 한다. 수업에 앞서 온라인으로 강의를 듣고, 수업에서는 소규모 토론이나 과제를 한다. 교수들은 라이브 비디오 세미나를 통해 그룹 프로젝트와 토론을 이끌어간다. 모든 수업과정이 기록되어 평가와 피드백의 자료로 쓸 수 있는데, 능동학습을 통해 단순히 지식을 이해하는 수준을 넘어 보다 고차원적인 이해가 가능하도록 자극한다. 배운 개념을 이해하는 데 그치지 않고 실제 상황에서 적용하는 능력을 키우는 게 목적이다.[9]

9 〈미네르바 보이스〉, 2018. 4. 4., 〈베리타스〉, 2018. 4. 9., 〈포브스〉, 2019. 4. 8., 미네르바 웹사이트 www.minerva.kgi.edu, 〈뉴욕타임즈〉, 2015. 10. 30. 참고.

세계에서 가장 흥미롭고 중요한 고등교육 프로그램

미네르바 스쿨은 다양한 관점에서 융합적으로 문제를 해결하는 방법을 배운다. 학부 전공은 다섯 개로 예술인문학, 컴퓨터과학, 자연과학, 사회과학, 경영학이며 대학원 과정은 응용예술과학, 응용분석학 두 개의 과정이 있다. 학생들은 인문학부터 코딩까지 다양한 분야를 통섭해서 배운다. 예컨대 3학년 때 선택할 수 있는 과목인 '사회과학과 뇌신경과학', '컴퓨터과학과 데이터 과학'처럼 두세 개의 세부 전공이 융합되어 있는 식이다.

〈포브스〉는 미네르바 스쿨의 수업을 세계에서 가장 흥미롭고 중요한 고등교육 프로그램이라 말하고 있다. 이 학교 설립에 투자한 벤처기업가 벤 넬슨 CEO는 미네르바 스쿨의 세 가지 혁신인 '습관과 개념을 위한 스캐폴딩(Scaffolding)[10]', '완전한 능동학습', '학습경험을 지원하는 개인화된 플랫폼과 피드백'을 강조했다. 이를 통해 학생들은 비판적 사고와 창의적 사고, 효과적 의사소통과 상호작용을 학습한다.

미네르바 스쿨 창립 학장인 스티븐 코슬린은 이렇게 말한다.

---

10 학습자가 현재의 수준을 넘어 다음 단계의 수준에 도달할 수 있도록 그에게 적절한 인지적 자극과 정보를 제공하여 학습을 촉진하는 전략.

"아직도 존재하지 않는 일자리에 적응할 수 있기를 원하기 때문에 최고의 인지 도구를 다양하게 제공한다."

그러고는 미네르바 스쿨의 수업이 '실제 세계와 연결되어 있음'을 강조한다. 실제로 첫 졸업생이 배출된 2019년, 재학생 중 상당수가 글로벌 기업의 인턴십 과정에서 능력을 인정받았으며, 학생들 중 87%는 1학년을 마치고 인턴십을 확보했다. 또한 기업의 관리자 대부분은 미네르바 스쿨 학생들의 성과가 평균 이상이라고 평가했다.

이것이 가능한 것은 미네르바 스쿨이 실무에 적용하는 걸 추구하기 때문이다. 실제로 기업과 연계를 맺어 교육의 장을 마련한다.

일례로 2019년 미네르바 스쿨은 SKT와 5G 프로젝트를 진행했다. 학생들은 SKT의 실무진과 현장 방문, 이메일, SNS 메시지 등으로 자유롭게 협업하며 프로젝트를 진행했다. 이 외에도 구글, 아마존, 우버, 에어비앤비 같은 기업이나 비영리단체나 사회기관 등과 함께 실험적이고 도전적인 프로젝트를 진행한다.

또 미네르바 스쿨의 몇몇 학생은 자기주도학습 앱을 개발하는 에누마와 협업하여 학생들이 자기주도학습에 실패하는 원인을 찾아 이를 앱에 반영 보완하는 방법을 찾아냈다. 이는 아프리카의 교사 부족 문제를 해결하는 등 실제적인 도움을 주었다.

미네르바 스쿨은 기존의 지식과 이론을 배우고 이해하는 수준을 넘어 보다 고차원적인 이해로 나아가도록 자극하고, 또 학생들이 직접 지식과 이론을 만들어내고 이를 실제 상황에서 적용하도록 자극한다.

팀플레이와 협업 정신으로 인재를 교육하다 -프랑스 에꼴42

강사, 교재, 학비가 없는 3무 학교

IT 실무자를 양성하는 프랑스의 에꼴42는 강사, 교재, 학비가 없는 3무 학교다. 프랑스 기업 프리모바일의 자비에 니엘 회장이 설립한 학교로, 전공과 관계없이 18세부터 30세면 지원할 수 있다. 공동창립자인 니콜라 사디락은 회사가 인재 수급에 어려움을 겪자, 필요한 인재를 직접 양성하는 방법을 택한다. 그 교육생 중 한 명이 프리모바일에 취업하여 능력을 발휘하자, 이에 자비에 회장은 교육생 수를 늘리는 등 체계를 갖춰 '에꼴42'가 탄생되었다.

이 학교의 입학 테스트는 특이하다. 1차 온라인 테스트를 거쳐 2

에꼴42의 특징 중 하나는 강사가 없다는 것이다. 오로지 동료와 함께 프로젝트를 하며 배우고 문제를 해결한다. (출처: Ecole42 홈페이지)

차에는 4주간의 '라피신'을 통과해야 과정 이수 자격이 주어진다. '라피신'이란 '수영장'을 뜻하는데, 학생들을 수영장(라피신)에 던져 놓고 그들이 수영할 수 있는지(문제를 해결해나갈 수 있는지) 본다.

1차에는 논리와 추론 능력을 테스트하고 2차에서는 매일 주어지는 프로젝트를 코딩을 통해 풀어야 한다. 컴퓨터가 가득한 방에서 지원자들은 먹고 자며 문제를 풀고, 시간이 지날수록 난이도가 높아지는 프로젝트를 함께 풀어야 한다. 이 과정을 통과한 약 1,000여 명의 학생이 본 과정을 이수할 수 있다.

에꼴42의 특징 중 하나는 강사가 없다는 것이다. 당연히 강사 중심의 수업도 없다. 오로지 동료와 함께 프로젝트를 하며 배우고 문제를 해결한다. 프로젝트마다 레벨이 있고, 평가 방식이 독특하다. 동료 평가가 끝나야 채점이 되는 시스템이다. 동료에게 평가를 받으면 -1점, 평가를 해주면 +1점이다. 평가를 받기 위해서는 동료에게 먼저 평가를 해줘야 한다. 동료 평가를 하면서 수많은 코드 리뷰를 한다. 정해진 프로젝트를 마치고 시험을 통과하면 인턴십 자격이 된다.

에꼴42에는 졸업장이 없다. 이는 실력이 있어야 통하는 IT분야 특성이 반영된 것이다. 그러나 IT 기업들은 에꼴42 교육생들의 실력을 믿고 그들과 협업한다. 실제로 에꼴42 교육생 셋 중 하나는 실무에 바로 투입해도 될 실력자들이란 평가를 받는다.

42서울

에꼴42 캠퍼스 역시 전 세계로 퍼져 나간다. 21개 캠퍼스가 15개국에 있는데 장소마다 학교의 이름이 다르다. 그중 우리나라 개포디지털혁신파크에 '42서울(42seoul.kr)'이 있다. 과학기술정보통신부와 서울시가 협업하여 에꼴42 교육과정을 들여왔다. 다음은 42서울 홈페이지에 있는 소개 글이다.

"42서울은 단순 지식을 가르치는 곳이 아닙니다. 소프트웨어에 대한 경험을 나누는 방법, 멋진 동료와 협업하는 방법, 누군가를 위해 본인의 경험을 나누는 방법을 배웁니다. 그리고 배우는 방법을 배웁니다."

42서울은 2019년 11월에 첫 학생을 뽑는 온라인 테스트를 했다. 2차 테스트 과정인 라피신은 4주간 주말 없이 매일 14시간씩 과제를 하는데, 보통 일주일 지나면 견디지 못한 학생들이 우수수 떨어져 나가기 일쑤지만 우리 학생들은 대부분 잘 버틴다고 한다.

에꼴42는 미래형 교육의 하나의 예시이다. 에꼴42가 스스로 '내일의 교육에 대한 답'이라고 밝히고 있듯이, 에꼴42는 스스로 공부하는 시스템을 만들어내고 있다.

배우는 과정에 강사가 없으니 자기주도학습을 하게 된다. 또 에꼴42에는 동료의 코드 평가, 팀 프로젝트 등등 협업의 기회가 널려 있다.

이처럼 에꼴42는 실무 역량을 갖춘 인력 부족 문제를 해결하기 위해 시작해서 전 세계 개발자 교육의 요람이 되어가고 있다. 짧은 시간에 세계 곳곳으로 퍼져나가고 있는 에꼴42가 앞으로 또 어떠한 교육 혁신을 이끌어낼지 세계가 주목하고 있다.

미래를 기다리지 않고 미래를 만들어간다
- 싱귤래리티 대학

세상을 바꾸는 방법에 대해 훈련시키는 대학

'기술 특이점(싱귤래리티, singularity)'은 "기술변화의 속도가 급속히 변함으로써 그 영향이 넓어져 인간의 생활이 되돌릴 수 없도록 변화되는 기점"을 의미한다. "2030년에 기술 특이점이 올 것"이라 예언했던 세계적인 미래학자인 레이 커즈와일은 폭발적 성장이 기대되는 미래 기술을 적용해 인류의 문제를 해결할 수 있도록 리더를 교육하고, 영감을 주기 위해 싱귤래리티 대학을 설립했다. NASA에서 부지를 받고, 자본은 구글에서 받아서 공동으로 설립했다.

싱귤래리티 대학은 신기술, 창업, 미래 준비에 차별화된 교육을

싱귤래리티 대학은 "폭발적으로 발전하는 미래 기술을 활용해
인류가 직면한 문제를 해결하도록 노력한다"는 목표로 대학을 설립하였다.
(출처: 싱귤래리티 대학 홈페이지)

지향한다. 정식 학위를 주지는 않지만 세계의 영재와 기업인이 찾는다.

싱귤래리티 대학이 추구하는 핵심은 '기술'과 '미래'다. "폭발적으로 발전하는 미래 기술을 활용해 인류가 직면한 문제를 해결하도록 노력한다"는 목표로 대학을 설립하였다. 싱귤래리티 대학은 AI 시대에 미래 교육을 가장 실질적으로 추구하는 곳이기도 하다.

"세상을 바꾸는 방법에 대해 사람들을 훈련시켜야 한다고 생각합니다"

구글의 CEO 래리 페이지가 학교 설립 컨퍼런스에서 했던 말처럼, 이 학교는 급격하게 바뀌는 기술에 대한 두려움이 아니라 기술을 활용해 어떻게 기회를 만들 것인지 가르친다. 강사는 레이 커즈와일, 피터 디아만디스(싱귤래리티 대학 학장) 등 분야의 최고 전문가들이다.

싱귤래리티 대학은 미래 기술을 미리 본다. 인공지능, 사물인터넷, 로봇, 가상현실, 바이오, 에너지, 우주공학, 나노기술 등의 첨단 미래 기술을 교육한다. 급격한 기술 발전에 따른 불확실성을 토론하며, 이 과정에서 미래를 앞서 준비하는 자세와 방법을 가르친다. 구글X연구소, 스탠퍼드 대학 연구원들, NASA 직원들, 세계 최고의 IT회사 사업팀 직원들을 직접 초청하고 실제 그 분야의 이슈를 토론 주제로 던져준다. 포괄적이고 집중적으로 기술을 배운 후에, 기술의 활용이 어떻게 펼쳐질지, 기술이 여는 미래가 어떨지 등을 토론하고, 프로젝트화 하는 식이다.

싱귤래리티 대학이 미래를 만드는 방식

싱귤래리티 대학이 일반 대학과 가장 다른 점은 인류가 당면한 커다란 도전을 해결하는 데 혁신 기술을 적용할 수 있도록 학생들을 교육하며, 이에 그치지 않고 창업으로 이어지도록 적극 지원한다는 것이다. 이 때문에 이 글로벌 커뮤니티에는 일반 대학생이 아닌 내로라하는 이들이 모여드는데, 포천 500대 기업 CEO와 임원진, 예비 창업자들이 이곳에서 공부하며 창업 아이디어를 얻고, 창업한다.

싱귤래리티 대학에는 글로벌 솔루션 프로그램(GSP)이라는 프로그램이 있다. 이 프로그램은 매년 3,000명 이상의 지원자 중 80명이 선발되어 활동한다. 참가자들은 “3~5명으로 팀을 이뤄 빈곤·기후변화 등 사회적 문제를 해결하기 위한 독특한 해법을 개발”한다. 싱귤래리티 대학 벤처 과정은 “당신이 가지고 있는 창업 아이디어 또는 당신이 만든 새로운 생각을 10년 안에 10억 명에게 긍정적인 영향을 줄 수 있는 회사 창업을 촉진할 목적”으로 세워졌다.

또한 싱귤래리티 대학은 실험실을 운영한다. 미래 기술이 현실이 되기 전에 미리 보는 방식이다. 기술을 미리 체험해 보고 그 기술을 어떻게 활용할지 토론한다. 이를 통해 사업 아이디어를 얻고, 우리의 삶을 바꾸는 비즈니스를 일으킨다. 메이드인스페이스(Made in Space)는 나사와 함께 우주여행에 적합한 무중력 프린터를 만들어 2014년 우주로 보냈다. 드론 기술을 이용한 신생기업 매터넷(Matternet)도 싱귤래리티 대학 실험실에서 출발했다. 매테넷은 고속도로 인프라가 부족한 개발도상국에서 상품을 배송하는 드론 기술을 선보였다.

이것이 싱귤래리티 대학이 미래를 만드는 방식이다. 싱귤래리티 대학은 미래를 공부하고, 상상하고, 이를 통해 미래를 만든다. 미래를 기다리지 않고 미래를 만들어간다.

개개인을 위한 맞춤형 교육
- 칸랩 스쿨

인공지능 기술을 기반으로 추천된 개인 맞춤형 교육

MIT 출신의 살만 칸은 '개인 맞춤형 교육으로 학업 성취도를 높인다'는 아이디어로 칸랩 스쿨이라는 대안학교를 시작했다. 이곳에서는 학년 구분 없이 인공지능 기술을 기반으로 추천된 개인 맞춤형 교육을 받는다.

학업성취도 평가가 없으며 프로젝트 단위로 수업이 진행되어 협업 마인드를 매우 중요하게 생각한다. 그러다 보니 호기심 많고 적극적으로 배울 의지가 있는 아이, 동료들과 서로 배우고 가르치고 협업하는 데 열성인 학생이 살아남는다. 나이나 학년 제한도 없는데, 이유는 경쟁을 줄이고 협업과 진정한 관계를 만들

칸랩 스쿨에서는 학년 구분 없이 인공지능 기술을 기반으로 추천된
개인 맞춤형 교육을 받는다. (출처: 칸랩 스쿨 홈페이지)

어 나가기 위해서다.

개개인의 배우는 속도에 맞추기 위한 시공간을 만들다

이 학교는 학생 스스로 목표를 세워 선생님에게 1:1로 지도를 받으며 생활한다. 개개인의 배우는 속도를 고려하고 존중하여, 그에 따른 지원을 한다.

칸랩 스쿨과 다른 일반 학교의 가장 큰 차별점은 '독립성 레벨'을 만들어 학생의 속도에 맞게 학업을 지원하는 점이다. 독립성 레벨은 이해와 의사소통, 시간 관리, 목표 관리, 리소스 관리, 자기 이해, 동기, 협업 등으로 구성되고, 레벨에 따라 학습 지원이 달라진다. 보통의 학교는 학습 시간과 학습 수준은 일정한데, 학생들의 도달 수준은 다르다. 칸랩 스쿨은 반대다. 학습 시간은 학생에 따라 다른데, 학생들의 수준과 숙달 수준은 고르다.

칸랩 스쿨은 개개인의 맞춤형 학습을 위해 다양한 공간을 만들어 놓았다. 회의 공간을 제공하는 카페, 브레인스토밍을 위한 공간, 도서관의 다락방 공간 등을 통해 개인화된 학습을 지원한다.

이처럼 칸랩 스쿨은 학생들이 각자 수준에 맞게 제대로 배울 수 있도록, 기존의 시간과 공간의 개념에 갇히지 않고 다양한 교육 실험을 하고 있다. 학생들을 연령으로 구분하지 않고, 시간이 지나면 일률적으로 학년이 올라가는 틀을 깼고, 개개인의 학습력을 높이기 위해 학교의 공간을 조성했다. 경쟁을 벗어나 협업을 하고 깊이 배울 수 있도록 한 시공간의 조성은 미래 교육의 하나의 모델이다.

STEM을 통해 우주 시대를 대비하는 리더를 기르다 - 애드 아스트라

일론 머스크가 세운 학교

'별을 향하여'

이런 교훈을 가지고 있는 학교가 있다. 세상에 존재하는 매우 특별한 학교, 애드 아스트라(Ad Astra)다. 일론 머스크라는 이름은 누구나 한 번쯤은 들어봤을 것이다. 영화 아이언맨의 실제 주인공으로도 알려진 그는 세계적인 그룹 스페이스 X의 CEO다.

애드 아스트라는 일론 머스크가 다섯 아들을 위해 회사 안에 세운 학교다. 그는 화성에 사람이 정착을 꿈꾸고 있는 시대에 교육의 변화는 불가피하다고 느꼈고, 그의 자녀들이 다니고 있던

LA의 영재학교인 머먼 스쿨(Mirman School)의 교사를 애드 아스트라 교장으로 영입하며, 아스트라만의 교육을 시작했다.

아이들은 자신이 사랑하는 학교를 원한다.
아이들은 어려운 결정을 내릴 수 있기를 원한다.
그들은 열정을 탐구할 수 있기를 원한다.
궁극적으로 모든 어린이에게 단 하나의 각본 없는 환경에 있기를 원한다.

학교가 생각하는 아이들에 대한 생각이다. 애드 아스트라는 "화성에 사람이 정착하고 인공지능과 로봇이 같이 살아갈 시대의 리더를 키우는 것"이 목표다. 자율주행차가 스마트시티로 운전해 가는 동안 가상현실과 증강현실로 회의하는 세대를 어떻게 준비시켜야 하는가, 화성에 거주하고 별을 탐험할 세대를 학교가 어떻게 준비시켜야 하는가를 고민한다.

애드 아스트라에는 성적도, 의무수업도, 커리큘럼도 없다. 수직적으로 통합된 무학년제다. 일론 머스크는 2015년 베이징 텔레비전과의 인터뷰에서 이렇게 말했다.

"어떤 사람은 영어를 좋아하고 어떤 사람은 수학을 좋아합니다. 사람들은 다른 시간에 다른 것을 좋아합니다. 그래서 애드 아스트라에는

애드 아스트라는 "화성에 사람이 정착하고 인공지능과 로봇이 같이 살아갈 시대의 리더를 키우는 것"이 목표다. (출처: 구글 이미지)

성적이 없습니다."

'문제해결력'을 길러 '창의력' 키우기에 집중한다

비슷한 산출물이 나오는 공장 조립라인과 같은 전통 교육시스템에서 벗어나 애드 아스트라는 개별 학생의 개인적인 선호가 발견되고 존중되기를 바라기에 자유롭게 공부하고 토론한다. 학교 교육과정은 STEM에 중점을 두며 '문제해결력'을 길러 '창의력' 키우기에 집중한다.

로봇을 만들고, 미래에 직면할 수 있는 시나리오에 관해 토론하는 식이다. 창의적 글쓰기, 물리, 화학, 컴퓨터 등의 수업을 하며, 코드아카데미, 에덱스, 칸아카데미에서 온라인 코딩 수업을 수강한다.

또한 인공지능, 로봇 등에 대한 주제 탐구 수업이 독특하다. 토론, 시뮬레이션 등 다양한 방법으로 깊이 파고든다. 다른 AI팀과 국가, 기업을 어떻게 규제할지 등에 대한 토론도 한다.

애드 아스트라 교육과정은 매년 바뀌는데, 수업의 요점은 문제의 핵심에 도달하고 최선의 결정을 내리는 데 있다.

환경 문제, 우주 탐사, 북한 문제를 프로젝트 주제로 삼으며 쉬운 문제라도 서로 협력하여 문제를 해결할 방법을 찾는다. 암기식이 아닌 각종 조사와 연구를 통해 묻고 답하며 탐구한다.

학생 수는 50명 정도로 적지만 아스트라라는 통화 단위를 쓰며, 기업가정신을 배우고, 웹사이트를 만들어 온라인 거래를 한다. 배운 것을 활용하여 돈을 벌고 친구에게 감동을 주기도 한다.

헌신과 큰 뜻, 독창성이라는 가치를 가장 중요시하는 애드 아스트라는 여전히 베일에 싸여 있지만, 실험적이고 선도적인 인재 양성으로 주목받고 있다.

협업과 현상기반학습으로 인재를 양성하다

- 핀란드 교육

핀란드는 교육 강국이다. 멈추지 않고 계속해서 교육 개혁에 열성인 나라다. 아마도 이런 교육에 대한 관심과 지속적인 열정이 핀란드를 교육 강국으로 이끌었을 것이다. 핀란드 교육의 특징을 보여주는 단어는 '협업'과 '현상기반학습'이다.

현상기반학습은 핀란드의 학습법이다. 말 그대로 현상을 기반으로 하는 '프로젝트' 학습이다. 현상은 '인간이 지각할 수 있는 사물의 모양이나 상태'를 뜻하는데, 예를 들면 열대야 현상 같은 게 있다. 과목의 경계를 넘나들며 현상을 다루고, 기초 지식 습득 후에 1년에 2~4개 정도의 현상기반학습을 한다.

핀란드 교육은 혼자 배우는 것이 아닌 그룹을 지어 친구들과 활동하는 것에 중점을 둔다. 사회에 나갔을 때 실제로 필요한 협업 능력을 갖출 수 있다.

현상기반학습 '프로젝트'는 팀워크가 목표다

보통 한 반을 4개나 5개 그룹으로 나누어 수업을 진행하는데, 교사가 그룹으로 묶어주거나 학생들에게 가이드를 줘서 그룹을 만들게 한다.

브레인스토밍을 하여 관심과 흥미로 그룹을 나누기도 하며, 카드를 활용하여 무작위로 그룹을 나누기도 한다. 저학년은 교사가 지정해주기도 하지만, 학년이 높아지면 관심사를 기반으로 그룹을 묶는다.

그룹이 정해지면 교사는 구성원 각각에게 리더, 서기 등의 다양한 역할을 준다. 역할에 책임감을 부여해 아무 것도 안하는 학생이 없게 하고, 자신의 역할을 수행하면서 자연스럽게 협업을 할 수 있도록 한다.

이렇듯 그룹을 만들고 프로젝트를 진행하는 것은 모두 팀워크를 통해서 이루어진다. 현상기반학습은 팀워크를 기반으로 하고 또 팀워크 자체가 목표다.

현상기반학습은 핀란드의 학습법이다.
현상기반학습은 팀워크를 기반으로 하고 또 팀워크 자체가 목표다.
(출처: 연합뉴스)

질문, 도전, 협업이 있는 현상기반학습

현상기반학습은 먼저 노래를 부르는 등의 다양한 방법으로 참여자의 흥미와 주목을 이끌어낸다. 그러고는 테마 설명, 사전 지식 활성화 과정이 이어진다. 사전 지식을 활성화하기 위해 동영상, 이미지 등을 보여주며 아이들에게 어떤 생각이 떠오르는지 또 무엇이 더 알고 싶은지 등을 물어본다. 그러고는 사전 지식 토론 시간을 갖는다.

사전 지식 토론을 통해 함께 목표를 설정한다. 목표를 설정하고 주제를 정하는 것은 참여자들이 같이 참여해서 결정한다. 주제를 정하면 연구 질문을 만들고, 새로운 지식 습득 등 다양한 활동을 한 뒤 마지막으로 산출물을 만들어 프로젝트를 완료한다.

협업을 통한 현상기반학습은 학생들로 하여금 질문의 힘을 경험하게 한다. 토론을 통해서 목표를 설정하고 주제를 정하고 연구 질문을 만들면서 학생들은 좋은 연구 질문 만드는 일에 능숙해진다. 물론 처음에는 질문 만드는 일이 쉽지 않다. 하지만 반복하여 프로젝트를 하면서 질문을 만들다 보면 어떤 질문이 좋은 질문인지 알게 되고 질문 만드는 작업에 능숙해진다.

질문을 만들다 보면 조원들의 질문이 하나로 모아지지 않을 때가 있는데 그땐 조정자가 나서서 질문을 하나로 모으는 역할을 한다.

질문이 정해지면 지식 습득의 단계로 넘어간다. 지식과 정보는 책에서 찾을 수도 있고 인터뷰를 하거나 테스트를 하여 찾을 수도 있다.

이 과정에서 교사는 조력자 역할을 한다. 어떤 걸 배웠는지, 어떤 정보를 찾았는지, 앞으로 어떤 걸 더 찾을 것인지 등 더 나아갈 수 있도록 이끈다. 이때 교사가 사이트나 책, 수집한 자료를 제공하기도 하고, 온라인이나 과학센터 등 다양한 경로로 아이들이 정보를 얻을 수 있도록 하기도 한다. 이 과정에서 질문이 너무 크면 질문을 좁히고 수정하는 등 끊임없이 조율하는 과정을 거친다. 이를 통해 아이들은 함께 문제를 해결해 나가는 능력을 키우게 된다.

이처럼 핀란드의 현상기반학습은 질문, 도전, 협업을 통해 문제의 해결 방법을 찾는 살아있는 교육이다.

행복한 아이를 키우다
- 덴마크 평민대학 & 애프터 스쿨

미래 사회가 원하는 인재 교육에 대한 여러 사례 중 덴마크 학교의 사례는 좀 다르다. 앞에서 소개한 대부분의 사례가 미래 사회에 적응하기 위한 실전적인 역량에 집중하는 교육이라면, 여기서 소개하는 덴마크의 사례는 '아이들의 행복'을 추구한다.

행복에 관한 비밀코드를 찾는 하버드대의 인생관찰보고서《행복의 비밀》[11]을 보면 성공적인 삶은, 20%는 직업에서의 성공과 관련이 있고 나머지 80%는 정신적·신체적 건강, 인간관계 등과 관련이 있다는 내용이다.

덴마크 교육은 국민의 행복에 초점을 맞춘 교육이다. 학교에서

11 《행복의 비밀》, 조지 베일런트, 21세기북스

애프터 스쿨은 아이들이 고등학교나 직업학교로 가기 전에 선택하는
1년 과정의 기숙형 자유 학교다. (출처: 〈한국교직원신문〉)

행복한 습관을 만드는 교육을 받으면 평생을 잘 살아갈 힘을 얻는다는 교육적 지향점을 가지며, 평민대학과 애프터 스쿨은 덴마크 교육의 이런 지향점을 잘 보여주는 제도이다.

애프터 스쿨은 중학교과 고등학교 사이에, 평민대학은 대학교와 직업세계로 가기 전에 선택하는 과정이다. 성적과 입시와는 상관이 없으며, 노년까지 성공적인 삶을 사는 데 필요한 역량을 기르는 것이 학교 설립 이유이다. 덴마크에는 85개의 평민대학과 240개의 애프터 스쿨이 있다.

평민대학에서 학생들은 자신감을 얻고 인생의 기초를 다진다.

17.5세 이상이면 입학 가능하며, 대학 입학 전이나 취업하기 전 1년 정도 시간을 보내며 재충전의 시간을 갖는다. 1년에 4만 명 이상이 공부하는데, 학점과 시험은 없다. 학위와 졸업장도 없다. 과목 개설이 자유롭다. 학생들이 배우고 싶고, 교사가 가르칠 수 있으면 어떤 과목이든 개설할 수 있는, 완전 개방적인 학교다.

애프터 스쿨은 1년 과정의 기숙형 자유 학교다. 아이들이 고등학교나 직업학교로 가기 전에 선택하는데, 우리가 시행하고 있는 중학교 자유학기제의 모델이기도 하다. 애프터 스쿨에서 아이들은 진로를 선택하기 전에, 진학과 취업으로 나눠지기 전에 자기 자신을 1년간 찬찬히 들여다볼 기회를 갖는다. 자신이 좋아하는 것이 무엇인지, 관심 있는 것이 무엇인지, 잘하는 것이 무엇인지 등 자신을 탐구한다.

한 예시로 2008년 게임디자이너 매드 루나와 역할놀이 전문가인 말리크 힐토프에 의해 설립된 유스터스코브 애프터 스쿨은 작은 항구마을에 위치한 학교로, 모든 교육이 롤플레잉 게임으로 진행된다. 틀에 박힌 교육이 아닌 역할을 직접 해보는 게임을 통해 재미와 흥미, 관심을 발견한다. 이러한 애프터 스쿨이 곳곳에서 그들만의 교육의 색깔과 매력을 가지고 학생들과 만나고 있다.

덴마크의 평민대학과 애프터 스쿨은 '앞만 보고 달려가는 교육보다는 한 템포 쉬어가는 교육'을 지향한다. 교육의 주체가 자신임을 자각하게 하고, 자신을 찬찬히 들여다보게 하여 인생의 기초 체력을 튼튼하게 한다.

PART 2

미래 혁신 인재로 가는 로드맵은 무엇인가

5장

자기주도

스스로를 주도할 수 있는가

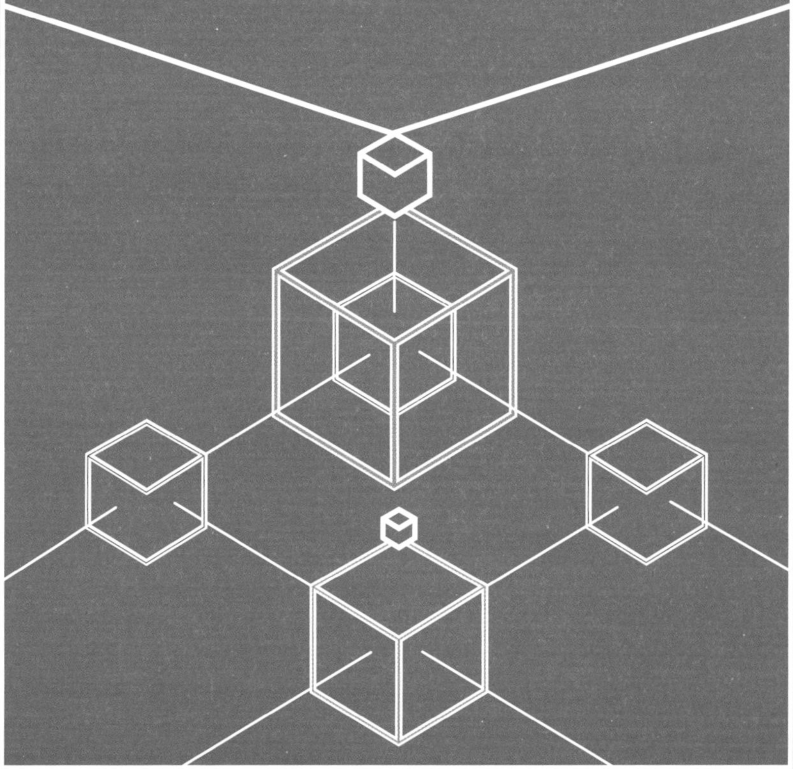

자신의 작업 방식, 자신의 공부 방법으로 뭔가를 만들어내는 방법을 이해하면, 자신만이 만들어낼 수 있는 새로운 것에 도전할 수 있다. 그러면서 서서히 자신의 방식으로 성장하는 법, 스스로에게 동기부여를 하는 법을 알게 된다. 이것이 독창성이고 창의성이다.

아이가 자기 자신으로 살도록 이끌어야 한다

스티브 잡스가 스탠퍼드 대학 졸업식에서 했던 축사는 아직도 많은 이들에게 회자되고 있다.

"여러분의 시간은 한정적입니다. 그러니 다른 사람의 삶으로 당신의 시간을 허비하지 마십시오. 다른 사람의 생각의 결과로 살아가는 어리석음에 빠지지 마십시오. 무엇보다 당신 마음과 직관을 따르도록 용기를 내십시오. 당신의 마음과 직관은 이미 당신이 무엇을 원하는지 알고 있습니다. 다른 모든 것은 그 다음입니다."[12]

---

12 〈스티브 잡스의 스탠퍼트 졸업식 축사〉 발췌.

죽음 직전에 스티브 잡스가 젊은이들에게 했던 당부여서 더욱 진정성이 느껴진다. 그는 암 선고를 받고 죽음에 가까이 갔던 경험을 소개하며, 시간은 매우 한정적이기 때문에 다른 사람이 아닌 진정으로 자신이 원하는 모습대로 살라고 조언한 것이다.

잡스의 조언은 자신만의 독창성을 발휘하며 살라는 의미와도 같을 것이다. 독창성은 미지의 능력인 잠재력의 원천이고 창의성은 독창성을 발휘하도록 하는 능력이라 볼 수 있다. 그 사람만이 가지고 있는 날 것, 그 사람만의 오리진이 창의적인 사고를 통해 나타나는 것이다. 그래서 독창성과 창의성을 늘 함께 다닌다고 봐도 무방하다.

독창성, 자신을 이해하고 자신의 작업방식을 발견하는 것

자신을 발견하는 수업으로 유명한 폴 베이커 교수는 독창적인 자신을 표현하도록 학생들을 이끈다. 그는 자신의 '능력의 통합' 강의를 소개하며 "자신을 이해하고 자신의 작업방식을 잘 알아서 창의력을 발견해야 한다"고 말한다.

"이 수업은 여러분의 창의력을 발견하기 위한 것입니다. 여러분은 자신을 잘 이해하고, 자신의 작업방식을 잘 알아야 합니다. 여러분이 이 강의실에 가져와야 할 것은 여러분 자신과 참여 의지입니다. 이 수업은 전적으로 거기에 달려 있어요. 어떤 사람들은 성장이란 기억력을 높이는 것이 전부라고 생각합니다. 또 어떤 사람들은 기계장치의 작동원리를 배우는 거로 생각해요. 이런 유형의 성장은 새로운 방식을 개발하는 것이 아니라 옛 방식을 완벽하게 숙련하는 것이 목적입니다."[13]

베이커 교수는 학생들이 독창적인 창작 활동을 하도록 이끌었다. 베이커 교수는 모든 학생이 세상에서 유일무이한 존재이고, 각자 자신만의 철학, 자신만의 관점, 자신만의 독특한 환경과 맥락을 가지고 있다고 믿었다. 그의 안내에 따라 학생들은 매우 독창적인 관점에서 창작 활동을 할 수 있었고, 이런 활동을 통해 자기 자신을 더 잘 이해하게 되었다. 자신만의 독특한 자질과 경험의 가치를 깨닫는 것이다. 그렇게 되면, 이것이 가장 중요한데, 스스로에게 동기부여하는 방법을 알게 된다.

우리 아이들이 독창성과 창의성을 발휘하도록 안내하는 방법을 베이커 교수의 방법에서 많이 배울 수 있다. 자신의 작업 방식, 자신의 공부 방법으로 뭔가를 만들어내는 방법을 이해하면, 자신

13 《최고의 공부》, 켄 베인, 와이즈베리

만이 만들어낼 수 있는 새로운 것에 도전할 수 있다. 그러면서 서서히 자신의 방식으로 성장하는 법, 스스로에게 동기부여를 하는 법을 알게 된다. 이것이 독창성이고 창의성이다.

창의성이 어느 날 갑자기 튀어나오는 것은 아니다

아이의 독창성이 발현되려면 아이 스스로 자신만의 색깔을 찾아가도록 해야 한다. 그러나 그 과정은 드라마틱하지 않다. 어느 순간 빛이 환하게 켜지며 독창적인 기질이 창의적으로 터지는 것이 아니란 말이다. 독창성과 창의성이 발휘되는 과정은 지난한 과정이다.

애덤 그랜트는 《오리지널스》란 책을 통해 독창적인 사람의 특징을 세 가지로 말했다.

첫째, 그들은 시작은 빨리 하지만 마무리는 천천히 느긋하게 진행하며 창의성을 촉진시키며, 둘째 아이디어를 의심하는 동시에 실행과 관련된 두려움을 적극적으로 포용하고, 셋째 좋은 아이디어를 얻기 위해 나쁜 아이디어들을 우선 떠올리는 과정을 수차례 반복한다는 것이다.

창의적인 사고 과정은 치열한 고민과 수많은 생각이 교차하는 과정이다.

1. this is awesome (이 아이디어는 훌륭해)
2. this is tricky (이 아이디어가 까다로운 건 아닐까)
3. this is crap (아~~ 이 아이디어는 형편없어)
4. I am crap (아~~ 나는 형편없어)
5. this might be ok (아냐. 이건 괜찮을지도 몰라)
6. this is awesome (그래, 이 아이디어는 훌륭해)[14]

이렇듯 독창성이 창의적인 사고와 행동으로 나오는 과정은 인내심이 필요한 지난한 과정이다. 아이들의 독창성과 창의성이 발현되는 과정도 이와 다를 게 없다. 아이의 독창적인 면을 발견하고 창의적인 표현을 이끌어내는 것도 중요하지만, 독창적인 아이디어가 창의적 사고로 나오는 과정에서의 의심과 사고의 과정이 진행될 수 있도록 돕는 일도 필요하다.

독특함을 인정해주는 것부터

대한민국의 교육을 지적할 때 입

14 TED 강연 "The surprising habits of original thinkers 독창적으로 사고하는 사람들의 놀라운 습관" https://www.youtube.com/watch?v=fxbCHn6gE3U&t=23s

에 가장 많이 오르내리는 말은 '한 줄로 세우기'다. 성적에 따라 두부모 자르듯 구분해서 아이의 진정한 모습이 성적 뒤에 숨어버리는 것을 안타까워하는 것이다. 나 역시 같은 생각이다. 성적을 앞세운 공부나 시험에서는 배우는 속도나 점수가 밖으로 드러난다. 여기에 아이만의 개성이 밖으로 드러날 기회는 거의 없다.

스팀 교육의 현장을 둘러보기 위해 현직 교사들과 함께 미국의 한 초등학교에 갔을 때였다. 기대 반 설렘 반으로 복도를 들어서는데 복도의 벽면 한 쪽에 아이들이 그린 그림이 붙어 있었다. 그림은 순서도 없이 삐뚤빼뚤 제각각으로 붙어 있었고, 그림의 수준도 다양했다. 나중에 들어 보니 모든 학생의 그림을 다 붙여놓은 것이었다.

선생님은 "학생들 모두 개성껏 그린 그림입니다. 그저 학생 한 사람 한 사람의 작품으로 대합니다"라고 설명해주었다. 선생님의 설명을 들으며 우수 작품을 선별하여 선을 맞추어 반듯하게 붙어 있을 우리 교실과 함께 여러 생각을 떠올릴 수밖에 없었다.

독창성과 창의성을 발휘하는 인재 양성으로 가려면 독특함을 인정해주는 분위기부터 되어야 한다. 있는 그대로 봐주고, 어떤 아이디어든지 포용할 수 있는 환경부터 만들어야 한다. 개인의 생각과 그에 따른 표현을 포용하고 또 아이의 속도를 존중하는 환경에서 아이들이 뛰어놀고 학습할 때, 아이들 깊숙한 곳에 있는 잠재력은 빛을 발할 것이다.

자기 결정권을 가진 아이가 더 많이 배운다

지금도 기억나는 어린 시절의 장면이 있다. 네댓 살쯤 되었을까, 그때 오빠는 부모님에게 한글을 배우고 있었다. 자녀교육에 적극적인 편은 아니었는데, 부모님은 아들에게 책을 읽히며 한글을 가르쳤다. 그때 나는 어깨너머로 배우고 익혀 한글을 뗐다.

생각해보면 그때부터 공부하는 것이 좋았던 것 같다. 모르는 부분을 알아가는 재미가 있었고, 원리를 터득하는 과정이 무척 흥미로웠다. 그런 까닭에 누군가로부터 공부하라는 소리 한 번 듣지 않고 초·중·고 학창시절을 보냈다. 부모님의 도움 없이 스스로 공부했고 스스로 진로를 선택했다. 막히는 부분은 학교 선생님을 찾아가 해결했다. 말하자면 나는 자기주도학습을 어릴 때부터 해왔던 셈이다.

물리학을 전공하는 과정에서 큰 어려움 없이 헤쳐나갈 수 있었던 것도 이런 나의 이력 때문은 아니었을까, 하는 생각을 한다. 스스로 인생을 주도해나가야 했기에 더 빨리 배울 수 있었고, 내 자신을 들여다보며 스스로 앞날을 결정해나갈 수 있었다는 생각이 드니 그저 고마울 따름이다.

자기주도적인 아이가 더 빨리 더 많이 배운다

자기주도력이 있으면 자아 인식이 강해지기에 잠재력을 발휘하기가 쉽다. 최근 다시 자기주도학습이 떠오르고 있는 배경엔 자기 주도적으로 학습하지 못하는 현실이 반영되어 있다. 참으로 안타까운 일이다. 사교육 시장이 커지면서 아이들은 자기 주도적으로 학습할 기회가 줄어들었다. 짜인 스케줄대로 따라가기도 버겁다.

과학창의재단에서 수학 학습에 어려움을 겪다가 성공한 학생들의 수기를 공모한 적이 있다. 학생들의 수학 학습 성공 경험을 읽어보면 학원을 끊고 학교에서 친구들과 함께 스스로 주도적으로 공부하여 성적도 올리고 수학을 좋아하게 된 경우가 많다.

이런 과정을 거치며 내가 내린 결론은 자기 주도성을 가지고 아이 스스로 학습할 수 있도록 하는 것이 최선이라는 것이다.

실제로 "자기 주도적으로 학습하는 아이들이 또래보다 더 빨리 더 많이 배운다"는 연구 결과가 있다.

2017년에 독일에서 어린이 1,700명을 대상으로 연구를 했다.[15] 부모는 자신의 아이에 대해 '자발성, 끈기, 진취성, 주체적 의사결정' 등 4가지 기준으로 점수를 매겼다. 그 결과, 자발성에서 높은 점수를 받은 아이는 학년이 올라갈수록 독해력 등의 점수가 또래보다 앞서는 걸로 나타났다. 또한 자발성이 높은 아이들은 대부분 자신의 일에 최선을 다했다. 학업도 스포츠나 과외 활동처럼 즐겼다.

게다가 진지했다. 자발성이 높은 아이는 학교에서 공부하는 걸 책무로 여겼다. "마땅히 해야 할 일을 했을 뿐인데요"라고 말하며 공부를 '할 일'이라고 표현하는 경우가 많았다. 이처럼 학습 기회를 스스로 찾는 등 자기주도성을 통해 잠재력을 발휘할 수 있는 기회를 많이 얻고 있었다.

자녀의 자기주도성을 강화하는 방법의 한 예

그렇다면 어떻게 자기주도성을 강

15 《하버드 부모들은 어떻게 키웠을까》, 로널드 F 퍼거슨, 타사 로버트슨, 웅진지식하우스

화할 수 있을지 궁금해진다. 미국의 버락 오바마 대통령 부부가 실천해 온 자녀교육 방법이 힌트가 될 수 있을 것이다.

오바마 부부는 바쁜 일정 속에서도 자녀교육에 관심을 많이 쏟았는데, 그들이 주력한 것은 자녀에게 결정권을 주는 것이었다.[16] 그들은 큰 틀만 주고 자녀 스스로 학업이나 생활을 결정할 수 있도록 권리를 주고 행사하게 하였다. 특히 오바마 부부는 '공부와 책읽기가 혜택'이라는 장치를 만들어 아이들이 스스로 책을 읽도록 습관을 들인 것으로 잘 알려져 있다.

그들은 자녀가 스스로 시간을 관리하도록 가르쳤는데, 5-6세부터 시작해서 학교에 들어가서도 계속되었다고 한다. 다만 학교 다녀오면 바로 숙제를 하는 것, 정해진 시간에 잠자리에 드는 것은 꼭 지키게 하였다. 취침 시간은 비교적 빨랐지만 책 읽기만은 취침시간과 관계없이 늦게까지 허용하여 책 읽기가 혜택이 되도록 하였다. 이를 통해서 아이 스스로 책 읽기 습관을 들일 수 있도록 이끌었다고 한다.

오바마 부부의 자녀교육이 많은 이들에게 회자되는 것은 대통령의 교육법이라서가 아니라, 자녀 스스로 결정할 권리를 주고 습관화함으로써 자기주도적인 삶으로 안내했기 때문이 아닐까 생각한다.

---

16 《하버드 부모들은 어떻게 키웠을까》, 로널드 F. 퍼거슨, 타샤 로버트슨, 웅진지식하우스

성공한 사람들의 공통점

자기결정권을 가진 인재는 자신의 삶에 책임감이 있다.

《하버드 부모들은 어떻게 키웠을까》에는 성공한 사람들과의 인터뷰를 통해 그들의 공통점 말하고 있는데, 그중에 흥미로운 부분이 나온다. 이들 대부분은 초등 3학년, 그러니까 8~10세부터는 자율적으로 공부했다는 것이다. 그때부터 스스로 결정권을 갖고 생활하는 습관을 키워 자동조종모드에 들어갔다는 것이다.

그렇다면 부모는 무엇을 해야 할까. 항공기의 GPS를 설정해 놓고 자동조종모드로 운항한다고 해도 항공기를 모니터링하는 조종사가 필요하다. 이처럼 부모는 모니터링 역할을 하며 허용 가능한 경계선을 넘지는 않는지를 체크하기만 하면 된다.

자기결정권을 일찌감치 장착한 아이들은 더 많이 배운다. 가슴에서 우러나오는 감정으로 자신을 결정할 수 있는 아이들이 책임을 알고 스스로 문제를 해결하려는 의지도 가질 수 있다. 그러다 보면 스스로 하고 싶은 일을 찾아서 하게 된다. 스스로 찾은 활동인 만큼 자신감도 높아지고 그 자신감을 가지고 창조적으로 세상과 마주할 수 있게 된다.

기준을 나에게 두고
점점 나아지도록 한다

어제를 넘어선
오늘을 사는 것

서양 예술인 발레 분야에서 동양인은 핸디캡이다. 한 동양인 15세 소녀가 모나코 왕립 발레학교로 유학을 떠났다. 그곳에서 소녀는 연습벌레가 되었다. 남들보다 더 많은 시간 뛰어올랐다. 우아한 발레리나로 거듭날수록 그녀의 발은 엉망이 되어갔지만, 마침내 그녀는 한국을 대표하는 세계적인 발레리나로 우뚝 솟았다. 세계 5대 발레단의 하나로 꼽히는 슈투트가르트 발레단의 프리마 발레리나로 활동하며, 발레의 오스카상이라 불리는 '브뉘아 드 라당스' 여성 무용가상을 받았다. 오래도록 발레리나로서 정상을 유지하고 있는 그녀의 이름은 강수진이다.

정상에 오르기까지 시련도 많았다. 세계 정상으로 부상하던 시절, 왼쪽 다리 정강이뼈에 치명적인 문제가 생겨 걸을 수 없을 정도로 통증에 시달렸다. 이 때문에 오랜 공백기를 가졌지만, 그를 다시 일으켜 세운 건 자기 자신이었다.

"나의 유일한 경쟁자는 어제의 나다. 눈을 뜨면 어제 살았던 삶보다 더 가슴 벅차고 열정적인 하루를 살려고 노력한다. 연습실에 들어서며 어제 한 연습보다 더 강도 높은 연습을 한 번, 1분이라도 더 하기로 마음먹는다. 어제를 넘어선 오늘을 사는 것, 이것이 내 삶의 모토다."[17]

비교는 교육의 걸림돌이다

교육을 방해하는 걸림돌 중의 하나는 비교다. 성적 위주의 교육 환경 때문에 우리는 어려서부터 누구보다 잘해야 한다는 생각에 사로잡혀 있는 경우가 많다. 그러다 보니 비교하게 된다. 이때 비교의 기준은 물론 '타인'이다.

다른 이와 비교하는 것에 열중하다 보면 자신만의 잠재력을 발

17 《나는 내일을 기다리지 않는다》, 강수진, 인플루엔셜

휘하기 어렵다. 내재되어 있는 능력이 나오려면 내면의 긍정적이고 자발적인 자극이 필요한데, 남과 비교하다 보면 부정적인 자극이 오게 된다. 건강하지 않다.

반면 스스로가 기준이 되는 아이들은 어떨까. 자기 자신이 기준이 되는 아이들은 어떤 행동을 할 때도 스스로의 동기로 행동한다. 그렇기에 흥미와 재미를 느끼고, 도전정신이 생긴다. 행여나 결과가 좋지 않더라도 금세 회복한다. 다른 흥미 있는 것을 선택하면 되니까 말이다.

자기 스스로가 기준이 되지 못하면 자신이 될 수 있는 최고의 모습을 꿈꾸기 어렵다. 하지만 어제의 나보다 나은 오늘의 나를 꿈꾸면 더 나아지는 자신을 상상하게 되고 최고의 모습을 이루기 위해 시도하게 된다.

스스로 기준이 되도록 도와라

학업에서나 생활에서 아이가 잠재력을 발휘하게 하려면 비교는 금물이다. 스스로가 기준이 되도록 도와야 한다. 다른 사람이 아닌 어제의 나보다 나은 오늘의 나를 꿈꾸며 매일매일 조금씩 나아갈 수 있도록 하는 것이다. 자신의 보폭에 맞게 말이다.

이렇게 자신의 보폭에 맞추어 작은 실천, 작은 성공을 쌓아가다 보면 어느새 훌쩍 성장해 있는 자신을 발견할 수 있을 것이다. 이런 변화 앞에 자신감이 생긴다.

이처럼 아이가 스스로 최고가 되는 멋진 기분을 느낄 수 있도록 하려면 아이의 상황에 맞게 작은 변화에 초점을 맞춰 계획을 세우는 것이 중요하다. 아이에게 필요한 것들을 챙겨보고 단계를 나누어 조금씩 실천할 수 있도록 이끌어야 한다. 아래와 같은 것들이 예가 될 수 있다.

- 일찍 자기
- 학교에서 돌아와 바로 책상에 앉아 10분 동안 숙제하기
- 30분 동안 꾸준히 공부하기
- 매일 10분 줄넘기하기
- 매일 5분 책상 정리하기
- 좋아하지 않지만 건강한 음식 한 가지 먹어보기

이중에서 몇 개를 선택해 계획을 세워 꾸준히 할 수 있도록 도움을 준다. 시간을 정해 아이와 함께 계획을 점검하는 것도 좋은 방법이다. 어제보다 좋아진 것이 있는지, 지난주보다 좋아진 점이 있는지를 분석하다 보면, 그 속에서 보완해야 할 부분도 생기고 칭찬할 부분도 생긴다.

계획표를 벽에다 붙여놓고 매일 한 걸 표시하면 한눈에 보기도 좋고, 아이는 직접 기록하고 비교해보는 것만으로도 스스로가 뿌듯할 것이다.

개선책은 아이 스스로 발견할 수 있도록 지켜봐주는 것이 좋다. 다만 이것이 습관이 될 때까지 지속적으로 하다 보면 어느샌가 계속 나아지고 있는 자신을 발견하게 될 것이다.

스스로가 기준이 되는 아이들은 어제보다는 오늘을, 오늘보다 나은 내일의 자신을 그리며 나아갈 수 있다. 그 속에서 계속 자발적인 사고와 노력, 도전이 이루어지며, 이것이 쌓이면 내제된 미지의 능력이 나올 수밖에 없다.

비판적 사고를 자극하는 법

정보 판단 능력과 데이터 활용 능력

정보가 넘쳐나는 시대다. 그런 가운데 정보는 지금도 무한 생산되고 있다. 그중에는 편협한 정보도 있고 아예 사실과는 다른, 하지만 진짜 같은 가짜 정보도 있다. 이들 짝퉁 정보는 진짜 정보와 섞여 온라인 네트워크를 따라 흐르며 각종 문제를 만들어낸다. 이것이 '정보의 진위를 분별할 수 있는 능력'이 21세기 핵심 역량으로 중요하게 다루어지고 있는 이유다.

'정보를 분별할 수 있는 능력'과 함께 갈수록 중요해지고 있는 것이 데이터 활용 능력이다. 교육 환경을 비롯한 사회 환경의 디지털화가 가속화되고 있기 때문이다. 따라서 엄청나게 생성된 데이터를 다루고 또 활용할 줄 아는 능력, 즉 데이터를 관찰하고, 추론하고, 이를 통해 새로운 결과를 만들어낼 줄 아는 능력 또한 중요한 능력이 되고 있다.

우리는 콘텐츠에 무한 노출되고 있는 시대에 살고 있다. 그러나 그 콘텐츠는 서로 연결되지 못하고 또 활용에까지 이르지 못하는 경우가 태반이다. 그래서 데이터를 관찰하고, 체험하고, 숙고하고, 추론하는 등의 데이터를 비판적으로 다루는 법을 반드시 배워야 한다.

아이에게 데이터에 대한 문제 제기 능력이 없으면 주어진 정보를 그냥 받아들일 수밖에 없다. 데이터가 갖고 있는 문제에 대해 비판적 사고를 할 수 없게 된다. 아이들이 데이터를 가지고 비판적으로 사고하여 이를 통해서 정보를 활용하고 또 문제를 해결할 수 있도록 하는 게 중요하다.

아마존의 원칙, 동의하지 않기

아마존의 사례는 비판적인 사고가 얼마나 중요한지를 잘 보여준다.

초창기 아마존의 상황은 그리 낙관적인 것은 아니었다. 기존의 유통 업체와 무한 경쟁에서 생존하는 것이 아마존의 지상 과제였다. CEO 제프 베조스는 생존을 위해 집요하게 질문하고, 그 질문에 대한 답을 찾아 나갔다.

'고객들이 더 빨리 물건을 받을 수는 없을까?'
'더 빨리 배송하려면 어떤 배송 시스템을 가져야 할까?'

한국보다 100배나 넓은 미국에서 빠른 배송시스템을 갖춘다는 것이 쉬운 작업은 아니었다. 하지만 제프 베조스는 '어떻게 하면 더 빠른 배송 시스템을 가질 수 있을까'라는 질문을 기반으로 비판적 사고를 통해 기존의 방식으로는 불가능한 새로운 해결책을 찾기 시작했다.

이때 제프 베조스의 원칙은 '동의하지 않기'였다. 기존 방식에 동의하지 않고 비판적이고 새로운 관점으로 보기를 계속함으로써 새로운 해결책을 찾아 나갔다.

마침내 아마존은 새로운 접근으로 빠른 배송 시스템을 구축했다. 고객밀집센터에 미니 배송센터를 만들어 배송 시간을 줄인 것이다. 그는 배송 속도가 앞으로의 경쟁력이라고 내다봤기에 질문하고 시도했고 마침내 새로운 해결책을 만들어냈다.

이것은 기존의 데이터를 무의식적으로 받아들이지 않고 새로운 방식으로 보려는 노력이 낳은 결과이다.

비판적 사고를 자극하는 법

누구나 비판적 사고능력을 기를 수 있다. 그리고 비판적 사고를 통해서 일상에서 만나는 문제에 대해 누구나 창의적인 해결책을 찾을 수 있다.

이유 물어보기, 독서, 스토리텔링 등은 아이들의 비판적 사고능력을 자극하는 좋은 방법이다. 아이와 함께 책을 읽고 책 속의 내용으로 이유 물어보기, 스토리텔링 등의 활동으로 이어가면, 아이들은 관찰, 체험, 숙고, 추론 및 의사소통 등 다양한 방식으로 정보를 분석하고 종합하고 평가하는 법을 배울 수 있다.

아인슈타인 부모에게 배우는 환경의 힘

환경은 생각보다 힘이 세다

사람을 환경의 동물이라고 하는 이유가 있다. 그만큼 환경이 지니는 힘이 세기 때문이다. 공기 좋은 시골 평상에 누워 있을 때는 세상에 걱정 근심이 모두 사라져 마음이 편안하지만, 좁은 사무실 의자 위에 앉아 있을 때는 온갖 스트레스가 공격해오기 쉽다. 달라진 거 없이 공간만 바뀌었을 뿐인데 마인드가 다른 것이다. 마음이 달라지면 행동도 달라진다. 이렇듯 환경은 우리에게 많은 영향을 미친다.

아인슈타인은 학교 부적응자였다. 학교에 가기 싫어했고 학교에 잘 적응하지 못했다는 이야기는 잘 알려져 있다. 이에 그의 어머니 폴린은 적극적으로 대처했는데, 그중 하나가 환경을 바꿔주는 것이었다. 폴린은 전략적으로 학습 환경을 아늑하게 꾸며주고, 아인슈타인이 자연스럽게 공부할 수 있도록 다양한 책과 장난감도 갖추어주었다. 주의력 향상을 위해 바이올린도 가르쳤다.

또한 아이가 관심을 보이는 분야가 있으면 선생님을 찾아서 반드시 배울 수 있도록 했다. 블록 놀이, 카드 집짓기, 음악 듣기, 책 읽기 등 여러 가지 활동을 스스로 하게 했고, 이런 다양한 활동으로 호기심과 자기관리 능력, 자립심을 키워주었다.

아인슈타인이 사물의 원리에 흥미를 가지게 된 계기는 아버지가 사준 나침반 덕분이었다. 나침반을 가지고 놀던 아인슈타인은 나침반 바늘이 왜 항상 북쪽을 향하는지 호기심이 생겼다. 그 호기심은 나침반이 어떤 원리로 동작하는지 관심을 갖게 만들었고, 그것은 사물의 원리에 관심 갖게 하는 계기가 되었다.[18]

환경은 생각보다 힘이 세다. 환경이 바뀌면 생각지도 못한 재능이 발견되기도 하고, 그것에서 새로운 능력을 발휘하기도 한다.

학교에서 스팀 수업을 진행하는 선생님들이 공통적으로 주는 피드백이 있다. 평소에는 조용하고 말수가 적은 학생들도 역동적

---

18 《하버드 부모들은 어떻게 키웠을까》 참고.

인 스팀 수업에서는 적극적으로 수업에 참여하는 경우가 많다는 것이다. 수업 환경의 긍정적 변화는 학생들의 잠재해 있는 힘을 수면 위로 올라오게 해준다.

환경을 바꾸면 역할이 달라진다

내가 일하고 있는 한국과학창의재단에서는 과학실을 미래형 과학교실, 무한 상상실, 학교 내 무한 상상실, 창의융합형 과학실, 지능형 과학실, 정보 교육실 등의 다양한 공간으로 바꾸는 일을 지원하고 있는데, 바로 공간, 환경의 중요성 때문이다. 새로운 공간에서 선생님과 학생들은 배움과 가르침에 대한 새로운 방법을 함께 찾고 배워간다.

예전에는 실험에 필요한 기자재를 학생들이 학교 밖에서 주문해서 제작해 와야 했다. 그러나 '학교 내 무한 상상실'을 설치하고는 3D 프린터, 3D 펜 등을 이용해서 실험에 필요한 도구를 직접 제작하여 실험하고 있어, 학생들이 실험 전체를 이해하기가 훨씬 용이해졌다.

'창의융합형 과학실'은 학생들이 프로젝트를 잘 할 수 있는 최적의 환경을 갖추고 있다. 자료조사 공간, 실험 공간, 실험 결과 정리 공간, 조별 토론 공간, 발표 공간 등 프로젝트에 필요한 각

섹터를 과학실 안에 만들어 자연스럽게 프로젝트 과정에 대한 이해도와 프로젝트의 완성도를 높여준다.

적절한 공간은 가르치는 방법과 배우는 방법을 바꾸고, 학생들의 태도나 생각, 행동까지 바꾼다.

환경이 바뀌면 아이들이 바뀐다. 물론 그 환경은 아이가 원하는, 아이에게 적합한 환경이어야 할 것이다. 환경의 변화를 줄 때 아이의 성향과 요구를 반영하는 것이 중요하다.

아이들에게는 배움을 긍정적으로 받아들일 수 있는 환경이 필요하다. 역할이 달라지면 달라진 역할에 맞은 일을 하게 되고, 결국 일의 결과가 달라진다. 그 결과를 보고 자신에 대한 이미지를 바꾼다. 변화된 이미지가 또 새로운 결과를 만든다.

공부 자체가 즐거운 일이라는 걸 적합한 환경을 통해 깨닫게 되면, 자신에 대한 이미지가 긍정적으로 바뀌고 결국 잠재력이 나오는 환경이 된다. 이처럼 적절하게 선택한 환경이 마음의 변화를 만들고, 마음의 변화가 행동을 이끌어낸다. 행동을 반복하면 습관이 되고, 습관이 우리를 만들어간다.

행복한 환경 만들기

《최고의 변화는 어디서 시작되는가》의 저자 벤저민 하디는 세 명의 자녀를 입양한 뒤 아이를 잘 기르기 위해 자녀양육법을 공부했다. 그러고는 아이들을 위해 생활의 우선순위를 조정했는데, 최우선순위로 둔 것이 아이들의 행복이었다. 이를 위해서 무엇보다 행복한 환경이 중요하다는 것을 알고 있었던 그는 3년간 미국의 30여 개 주를 여행하며 아이들이 전혀 새로운 환경을 경험하게 했으며, 또 식습관 환경을 바꾸었고, 아이들이 매일 평균 열두 시간 이상을 자도록 했다. 그러자 먼저 아이들의 몸이 변했고, 몸이 변하자 자신감, 학습 능력, 수면 패턴이 변화하며 성격도 침착해졌다.

환경과 공간을 바꾸면 아이들이 바뀐다. 행복한 환경을 제공해 주면 자신감과 학습 능력이 올라간다. 행복한 아이가 다른 사람을 잘 이해하고, 협력정신도 높다.

우리 아이들의 잠재되어 있는 능력을 행복한 가운데 표출시키려면 아이들만의 공간을 마련해 주는 방법도 좋다.

내가 바쁜 중에도 시간을 내어 도서관에 가는 이유는 도서관에서 책을 읽고 있는 시간이 나에게는 가장 편안한 시간이기 때문이다. 또 지난 일주일을 돌아보고 다음 일주일을 계획하는 일은 카페에서 하는 것을 즐긴다.

누구에게나 가장 자신이 자신다워지는 공간이 있다. 아이들에게도 그런 공간을 만들어주는 게 좋다. 아이가 주변의 유혹을 잘 이기지 못한다면 그 유혹이 차단될 수 있도록 환경을 바꿔주면 큰 도움이 된다. 내적 갈등을 줄이고 자신과 불쾌한 전쟁을 치르지 않도록 물리적인 조건(환경)을 만들어주는 것이다.

자신만의 환경이 만들어지면 오롯이 자신에게 집중할 수 있다. 자신의 목표에 집중할 수 있다. 공간의 도움을 받아 유혹을 이겨냈다면, 성취감이 생겨난다. 성취감을 안고 자신만의 공간에 들어서면 자신에게 그리고 자신의 목표에 집중할 수 있다.

아이들에겐 행복한 환경이 필요하다. 그 공간은 아이의 마음이 편해지는 장소여야 한다. 그곳에서 자신의 생각을 정리하고, 계획하고, 때로는 반성하고, 감사하면서 자신을 만들어간다.

6 장

도전의식

새로운 것에 도전할 수 있는가

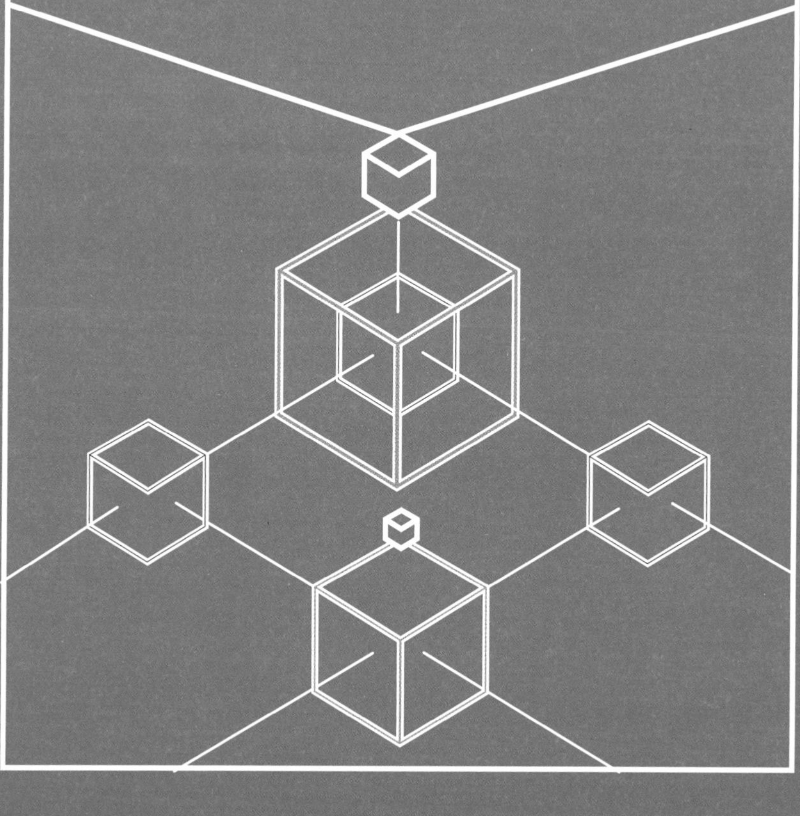

이때 부모가 해야 할 일은 아이의 도전을 격려해주고 긍정적인 피드백을 주는 것이다. 도전에는 실패와 성공이 따로 없다. 도전하는 것 자체에 의미를 두고 격려한다면, 아이는 도전을 통해 스스로의 성장을 쌓아갈 것이다.

아이에게 도전은 자연스런 것이다

도전이 없으면 더 이상의 진전도 없다

위험하게 살아라
당신의 도시를 베수비오 화산 기슭에 세워라
당신의 배를 미지의 바다를 향해 띄워라
자신과 생각이 다른 사람들과 끊임없이 싸우며 살아라

- 프리드리히 니체,《즐거운 학문》중

제2차 세계대전 때 미합중국 해군 제독으로 참전하여 일본과의 전투에서 혁혁한 공을 세워 해군 원수가 된 윌리엄 프레데릭

홀시는 이런 말을 했다.

“이 세상에 위대한 사람은 없다. 단지 평범한 사람들이 일어나 맞서는 위대한 도전이 있을 뿐이다.”

그가 이런 말을 한 이유는 도전이 갖는 무한한 가능성을 높이 평가했기 때문일 것이다. 평범한 사람들이 시도하는 수많은 도전이 합해져 미래를 만들어 왔기에, 미래는 결국 도전의 산물이란 말을 하고 싶었을 것이다.

지금 우리가 살아가는 세상도 여러 도전을 통해 변화하고 발전 중이다. 첨단의 기술력이 세상을 바꿔놓고 있지만, 그것도 어느 누군가의 도전이 시작점이 되었음은 분명하다. 비록 도전이 실패할지라도 그것이 기반이 되어 다른 도전이 덧입혀져 미래를 만들어가고 있다는 것도 틀림없는 사실이다.

얼마 전 아마존 CEO 제프 베이조스가 경영진에서 은퇴하며 제2의 도전에 나서겠다고 발표했다. 그는 27년 전 온라인 서점 아마존을 설립한 뒤 지금은 안 파는 것이 없는 세계 최대 온라인 기업으로 성장시켰다. 그는 아마존 외에도 우주로켓 업체인 블루오리진, 언론사인 워싱턴포스트, 기후변화 대응 펀드 등 전자상거래와 무관한 영역에까지 도전하며 아마존이라는 세계적인 기업을 이루어냈다. 그는 아마존의 성공에 대해 재미있는 표현을 했다.

"우리는 미친 짓을 함께했고 그것들을 정상으로 만들었다."

베이조스가 세계의 영향력 있는 기업가가 될 수 있었던 것은 그의 '미친 도전' 덕분이다. 미래를 볼 수 있는 눈을 가졌고, 도전으로 미래를 만들어나갔다.

도전이 없으면 더 이상의 진전도 없다. 급속한 변화가 이루어지고 있는 AI 사회에 대응하려면 도전과 함께 끊임없이 진화해나가야 한다. 그래야 기계와 공존하며 살아갈 수 있다.

아이들에게 도전은 자연스런 것이다

심리학자 에릭슨의 심리사회이론에 따르면, 아이들은 시기에 따른 발달 과제들을 통해 자기 자신과 세상을 믿는 신뢰감, 자발적으로 도전하고 행동하는 자율성, 주도적으로 환경을 탐구하고 경험하며 도전을 선택하는 주도성, 자신의 능력에 대한 확신을 바탕으로 실력을 키워가는 근면성을 키워간다고 한다.

이처럼 아이들은 끊임없이 도전해야 할 과제로 둘러싸여 있다. 해본 것보다 해보지 않은 것이 훨씬 많아서 호기심이 많은 때이다. 게다가 아이들은 위험에 대한 두려움과 합리화가 고착화되지 않아서 도전에 따르는 두려움도 적다. 어쩌면 도전은 아이들에게 자연스러운 태도라고 말할 수도 있다. 그러니 부모는 아이가 자신의 성장에 맞게 자연스러운 도전을 이어갈 수 있도록 지켜봐주면 될 뿐이다.

때로는 부모의 태도가 아이의 도전정신을 꺾을 수 있다는 점에 주의해야 한다. 특히 학업에 대한 부모의 잘못된 태도는 아이의 학습에서의 도전의식을 꺾는다. 정해진 답에 익숙한 부모가 자신만의 고정된 잣대를 들이대면 아이가 자연스럽게 시행착오를 겪으며 배울 수 있는 기회를 박탈할 수도 있다.

아이가 학습 과정에서 다양한 시행착오를 겪는 것은 당연하기도 하고 또 시행착오를 통해서 다양한 답을 찾아가는 법을 익힌다. 그러나 부모나 선생님에게 답을 빨리 찾을 것을 강요받는다면 아이는 시행착오를 두려워 할 것이다. '내가 해봐서 아는데' 같은 태도는 학업을 통해 여러 가지 도전해볼 수 있는 기회를 뺏는 태도이다.

도전은 해본 사람만이 그 위력을 안다. 우리 아이들에게도 마찬가지다. 아이들 스스로 도전할 수 있는 경험을 주는 게 중요하다. 부족한 분야에 도전하기, 30분간 집중하기, A4 1장짜리 에세이 쓰기 등의 학습 관련 도전 과제도 좋고 생활 속의 도전도 좋다.

이때 부모가 해야 할 일은 아이의 도전을 격려해주고 긍정적인 피드백을 주는 것이다. 도전에는 실패와 성공이 따로 없다. 도전하는 것 자체에 의미를 두고 격려한다면, 아이는 도전을 통해 스스로의 성장을 쌓아갈 것이다.

도전에 완벽한 때는 없다

두 개 교과 이상의 융합을 강조하는 스팀 수업은 기존의 수업과는 다른 완전히 새로운 형태의 창의적인 수업이다. 도입 초기에는 여러 시행착오를 겪으면서 현장에 적용할 수 있는 적합한 모델을 만드는 것이 중요했다.

스팀 수업이 과목간의 협업이 기본이다 보니 한 선생님이 여러 과목을 담당하는 초등학교에서는 상대적으로 쉽지만, 교과 담당 교사들이 따로 있는 중고등학교에서는 과목간의 협업이 쉽지만은 않다. 그래서 스팀 수업 도입 초기에는 과목이 다른 선생님들이 수시로 만나 스팀 수업을 논의하느라 선생님들 간에 의사소통이 매우 활발했다.

그러다 보니 첫 해의 성과를 발표하는 자리에서 재미있고 창의적인 사례가 많이 쏟아져나왔다. '아하 저런 일도 생기는구나', 웃음과 탄성이 나오고 반성할 부분도 나오는 등 다양한 결과물이 흥미로웠다. 그런데 2차 연도가 되니 양상이 조금 달라졌다. 스팀 교육이 시간이 지날수록 안정을 찾아가는 것은 다행스런 일이었지만, 첫 해에 일어났던 다양한 시도는 갈수록 줄어들었다. 첫 해에 선정된 우수사례가 다음 해에도 반복되는 패턴이 보이더란 말이다. 새로운 도전과 그에 따른 결과물이 아예 사라진 것은 아니지만, 창의적인 시도가 갈수록 줄어드는 것은 아쉬운 일이다.

그러고 보면 처음 시도하는 것에서는 실수도 나오지만 그 과정에서 창의적인 아이디어와 도전이 많이 나온다는 것을 알 수 있다.

글쓰기에 도전하겠다고 주야장창 글쓰기 방법 책만 읽어대던 나를 향해 우리 딸이 나에게 한 말이 있다.

"엄마, 책 쓰기 책은 이제 그만 보세요. 이젠 글을 쓰세요."

도전에 완벽한 때는 없다. 일단 저질러야 한다. 저지르고 보면 해결책이 보인다.

혹 실패하더라도 아무것도 하지 않는 것보다 낫다. 실패의 과정에서 많이 배운다. 이것이 아이들이 배우는 과정이다. 준비되지 않았더라도 일단 저지르게 하는 것이 필요하다. 실패는 실패로 끝나지 않는다. 실패는 하나의 도전이고 그 도전은 또 다른 시작으로 연결될 것이다.

호기심은 어떻게 유지되는가

호기심은 사람을 깨우는 힘이 있다

어린 시절 나의 무릎은 자주 깨지곤 했다. 왕성한 활동 때문이 아니다. 걸어가며 책읽기에 빠져서 앞에 뭐가 있는지도 모르고 걷다가 돌부리에 걸려 넘어졌기 때문이다.

시골에서 나고 자란 나에게 새로운 문명은 다름 아닌 책 속의 세상이었다. 어렸을 때 나는 글자가 보이면 무조건 읽고 보는 습관이 있었는데, 그것이 나중에 독서 습관으로 이어졌다.

책은 나에게 새로운 세상이었다. 늘 나에게 말을 걸었고 그것은 나의 호기심을 자극해 수시로 생각의 나래를 펼치게 만들었다.

‘저 산을 넘어가면 어떤 세계가 있을까? 어떤 사람들이 어떻게 살고 있을까?’

‘투명망토라는 게 있으면 정말 재밌겠다. 나한테 투명망토가 있다면 친구들을 깜짝 놀라게 해야지. 근데 투명인간이 되면 불편한 건 없을까?’

뭐 이런 호기심과 상상으로 시간을 보내곤 했는데, 감사하게도 지금까지도 그렇다.

호기심은 사람을 깨우는 힘이 있다. 책 속의 세상은 간접적으로 경험하는 세상인데, 그 세상을 여행하다 보면 궁금한 점이 생기고 상상을 하게 된다. 누구나 한번쯤 상상의 나래를 펼쳐보아서 알겠지만, 상상의 세계에는 불가능이 없다. 시간 가는 줄 모르고 상상하다보면 사고가 깨어나고 그 속에서 반짝이는 아이디어가 생긴다. ‘내가 어떻게 이런 생각을 했지?’ 싶은 것들이 튀어나온다. 이게 바로 잠재력이 상상의 자극을 받아 올라온 것이다.

지금 AI 시대를 이끌어가고 있는 사람들은 아마도 호기심과 상상력의 대가들임에 틀림없다. 그들이라고 무슨 특별한 교육을 받은 것은 아니겠지만, 그런 중에도 상상력을 발휘한 이들이 시대를 이끌어가고 있는 것이다. 아인슈타인은 “지식은 한계가 있지만 상상력은 한계가 없기 때문에 상상력은 지식보다 중요하다”고 했다. 상상을 하면 그 다음에 문제를 해결할 수 있다.

미래 사회를 만들어갈 우리 아이에게는 이 같은 상상력이 중요하다. 상상의 나래를 펼쳐는 일이 중요하다. 생각의 여백을 호기심과 상상력으로 채워 기계과 인간이 공존해가는 세상을 만들어가야 하니까 말이다.

어떻게 호기심과 상상력을 자극할 수 있을까

사람의 호기심은 인류가 탄생하는 순간부터 시작되었다. 생각하는 동물인 인간은 세상 모든 것에 호기심과 궁금증을 가졌을 것이고, 또 그 궁금증을 해결하려 했을 것이다. 때문에 인류의 역사는 궁금증의 해결의 역사라고도 말할 수 있다. 이렇게 보면 호기심과 상상력은 누구에게나 있는 DNA와 같은 것이다. 그러니 아이들의 호기심과 상상력을 일부러 자극하려고 할 필요가 없다. 그냥 두면 아이들은 자연스럽게 호기심과 상상력으로 살아갈 테니 말이다. 아이들은 자신을 둘러싼 환경과 관계에 대해 끊임없이 호기심을 갖고 묻고 또 묻는다. 그 상황을 그냥 두고 스스로 생각하고 상상할 수 있도록 하면 된다. 그냥 아이 스스로 생각하고 상상할 수 있도록 지켜보면 된다. 그 과정을 즐기던 아이는 어느 순간 흥미가 생기는 분야로 더 깊이 들어간다.

상상이 세상을 만들어왔다

호기심은 다양한 관점에서 시작될 수 있다. '왜일까', '어떤 것일까', '누가 했을까' 등등으로 생각의 나래를 펼치면서 그 과정을 즐기는 게 중요하다. 1초도 안 돼 나올 수 있는 답을 찾는 것에 익숙해진다면 호기심은 상상력으로 발전하지 못할 것이다.

지금으로부터 100년도 전에 유럽 알프스 산맥의 최고봉 몽블랑에 올라갈 상상을 했던 사람들이 있었다. 그들은 '해발 4807미터, 도저히 일반인은 올라갈 엄두조차 내지 못할 그곳을 누구나 쉽게 올라 몽블랑이 보여주는 장관을 감상할 수 있다면 얼마나 좋을까?' 이런 상상을 했다.

상상은 '케이블카를 놓는다면 하늘에서 가장 가까운 몽블랑을 누구나 쉽게 오를 수 있지 않을까'로 이어졌고, 그렇게 1905년 몽블랑 케이블카 프로젝트는 시작되었다. 장비 하나 변변치 않은 상황에서 그 상상은 세계 전쟁 등으로 중단과 재개를 이어가며 1955년에 드디어 현실이 되었다. 샤모니 마을에서 몽블랑까지 운행되는 케이블카가 설치됨으로써 그 웅장한 몽블랑은 모두의 것이 되었다.

지중해와 홍해를 땅을 파서 연결하겠다는 상상은 그 상상을 인정하고 받아들인 이들에 의해 6,400km이나 단축시킨 뱃길로 탄생될 수 있었다.

앞으로도 세상은 인간의 호기심과 상상력에 의해 탄생될 전혀 새로운 일들로 가득할 것이다. 아이들의 상상력이 미래를 이끌 아이템을 탄생시킬 것이며, 그 상상력이 또 다른 상상력과 만나 세상은 만들어지고 그렇게 역사는 써질 것이다.

호기심은 어떻게 유지되는가

《호기심의 두 얼굴》을 쓴 수전 엥겔은 30년 이상 아이들의 호기심을 연구해온 심리학자다. 엥겔은 "호기심은 정상적인 아기라면 모두 지닌 고정적인 성격이고, 성장 과정에서 점점 약해진다. 아동기에 부모와 가정과 학교를 통해 어떤 경험을 하느냐가 아이의 호기심을 결정한다"고 말했다.

그리고 엥겔은 호기심의 과정을 다음처럼 설명한다.

"예상 밖의 일에 대한 놀라움에서 호기심은 출발한다. 신기한 생물, 특별한 정보, 특정한 물건에 호기심을 느끼면 관찰한다. 만져보고, 냄새를 맡아보고, 소리를 들어본다. 숨은 정보를 찾기 위해 기억을 더듬어 보거나 책을 찾아본다. 이 같은 인지적 자극은 행동을 촉발시키고 행동은 지식 획득으로 연결된다."

그리고 엥겔은 "호기심이 잘 해결돼야 호기심에 대한 유쾌한 느낌이 유지된다"라고 조언하고 있다. 그래서 호기심을 발전시키기 위해서는 예상 밖의 일이 벌어졌을 때(그것이 사소하다 해도) 왜 그런 일이 생겼는지 알아보는 게 중요하다. 알아가는 과정과 결과가 즐거우면 호기심은 줄지 않고 유지된다. 반대로 알아가는 과정이 실망스럽거나 결과가 실망스러우면 호기심을 유지하기 어렵다.

아이가 '왜?'를 입에 달고 살 때 귀찮더라도 잘 대답해줘야 한다. 아이가 궁금해 하는 것을 자연관찰이나 과학 실험으로 연결해 가면 더 좋다.

일상에서도 자연스럽게 아이의 호기심을 자극하고 이 호기심을 간단한 활동으로 해소할 수 있다. 집 주변을 산책할 때 붉게 물든 단풍을 보면서 왜 단풍이 드는지를 이야기하거나, 봄에 집주변에 핀 진달래나 개나리 등을 보면서 꽃이 피는 순서에 대해 이야기할 수 있다. 또 어떤 나무는 꽃이 먼저 피고 나중에 잎이 나오는지 등을 이야기하면서 아이의 호기심을 자극하고 이를 주변 사물을 관찰하는 습관으로 이어갈 수 있다.

더 깊은 질문으로 나아가는 법

1)

"엄마, 왜 하늘이 파래요?"

"얘야 원래 하늘은 파랗단다."

2)

"엄마, 왜 하늘이 파래요?"

"정말 하늘이 파랗네. 왜 하늘이 파랄까. 파란 물감을 칠했나? 하늘이 왜 파란지 같이 한번 알아볼까?"

이 후에 이 두 아이의 호기심은 어떻게 되었을까. 모르긴 해도 '원래 하늘이 파란 것'이란 답을 들은 아이는 파란 하늘을 보고

더이상 호기심을 이어가기는 어려웠을 것이다. 반면 '하늘이 왜 파란지 함께 알아보자'는 제안을 받은 아이는 하늘을 쳐다보며 한번쯤은 '하늘이 파란 이유'를 생각했을 것이고, 도화지에 파란 하늘을 그릴 때마다 자신이 했던 질문을 떠올릴 것이다.

질문은 생각의 문을 열어주는 버튼이다

아이들의 미지의 능력을 끌어내는 역량 중 중요한 것은 질문력이다. 질문이 중요한 이유는, 질문이 생각의 문을 열어주는 버튼이 되기 때문이다. 그 버튼이 눌려지면 상상이 현실이 될 가능성이 커진다.

우리나라 교육 정책 도입에 많은 영감을 준 바 있는 스탠포드 대학원 부학장 폴 킴 교수는 질문 교육의 중요성을 특히 강조한다.

그는 한국에서 학교생활을 하던 12년 내내 특별히 잘하는 것이 없는, 엉뚱한 질문을 일삼던 학생이었다. 황당한 질문만 한다고 혼만 나던 그가 미국 대학원의 부학장이 되기까지 그를 이끌어간 동력은 '질문'이었다고 술회한다. 그는 미국 유학생활 내내 자유로운 학교 분위기와 좋은 멘토 덕분에 끊임없이 질문하고 상상하고 행동하며 가치를 만들어 갈 수 있었다.

학창 시절에 질문과 질문 교육의 중요성을 경험한 폴 킴 교수는 전 세계의 400만 명의 아이들에게 질문을 통한 양질의 수업을 제공하는 SMILE(Stanford Mobile Inquiry-based Learning) 프로젝트[19]로 국경 없는 교육을 실천하고 있다.

우리나라에서도 한국과학창의재단과 함께 스마일 프로젝트를 진행했는데, 질문 교육이 낯선 탓에 아쉬움도 많이 있었지만 분명히 도전이 되는 프로젝트였다.

폴 킴 교수는 이 프로젝트를 진행하며 질문을 통한 능동적 수업 참여가 많은 성과를 낳았으며,[20] AI 시대에 끊임없이 질문을 개발하고 답을 찾아감으로써 미래의 가능성을 찾을 수 있다고 강조했다.

오늘 학교 수업에서 손을 들었니?

그렇다면 질문할 수 있는 능력을 어떻게 키울 것인가. 우선 아이들이 가장 처음으로 경험하는 작

19 스마일 프로젝트는 '아이들 스스로 질문하고 유추할 수 있는 능력을 끌어냄으로써 세계시민 의식을 고취하는 등 글로벌 인재로 키워내는 것'을 목표로 한다.

20 아프리카 등 개발도상국의 아이들은 암기식 주입식 질문에 익숙했지만 프로그램을 진행하면서 아이들은 차츰 바뀌기 시작했다. 질문의 질이 바뀐 것이다. 단답식 질문만 이어가던 아이들이 '헌법 중에 여성의 인권을 보장하는 법은 무엇이 있을까' 등의 깊이 있고 구체적인 질문으로 나아갔다.

은 사회인 가정에서 질문이 풍성하게 오고갈 수 있도록 질문하는 환경을 조성하는 것이 필요하다.

한 글로벌 교육 컨퍼런스에 참여한 연사의 발표 사례는 아이가 질문을 자연스럽게 하도록 이끄는 환경이 얼마나 중요한지를 보여준다.

그 발표자는 아이가 굉장히 내성적이라 학교에 보내놓고 걱정이 많았다고 한다. 아이는 사람 앞에 나서는 것도, 말하는 것도 어려워하는 내성적인 아이였다. 아이가 수업에 잘 참여할 수 없을 것 같아 걱정이 되었고, 그래서 '어떻게 하면 아이가 수업에 능동적으로 참여하게 할 수 있을까'를 궁리하였다. 궁리 끝에 그는 다음처럼 질문을 하였다고 한다.

"오늘 학교 수업에서 손을 들었니?"

이 질문을 받은 아이는 예상대로 고개를 저으며 아니라고 대답하였다고 한다. 그분은 개의치 않고 아이가 학교에서 돌아오면 같은 질문을 반복했고, 마침내 아이에게 작은 변화가 생겼다. 엄마의 질문에 '예'라고 대답하기 위해, 손을 들고 질문하기 시작한 것이다. 한 번 두 번 손을 들고 질문하는 횟수가 늘어났고, 마침내 수업에 적극적으로 참여하는 아이가 되었다고 한다.

어린 아이일수록 질문이 많은 건 사실이지만, 환경에 따라 질문이 줄어들기도 하고 아예 사라지기도 한다. 그래서 질문하는 환경을 조성하는 일이 필요하다. 또 아이의 질문을 응원하고 격려해주는 것이 필요하다.

이때 아이의 질문에 대한 평가는 삼가는 것이 좋다. 질문을 반복하다 보면 질문의 질이 점점 나아지기 마련이다. 어린 시절 폴 킴은 학업부진아였지만 질문이 많은 아이였다. 주변의 것들에 워낙 호기심이 많아서 이것저것 묻곤 했는데, 이중에는 당연히 황당한 질문도 많았을 것이다. 학교에선 쓸 데 없는 질문을 한다며 혼이 났기에 자신의 질문은 더 발전할 수 없었다며 아쉬워했다.

다섯을 위한 고군분투

질문에는 여러 단계가 있다. 하지만 질문의 단계가 높아지기까지는 질문하는 것 자체를 지지해주는 것이 중요하다. 아이의 질문에 적극적으로 호응하면 아이는 다시 질문할 용기를 갖게 된다. 질문을 자주 할 수 있어야 질문이 더 깊은 단계로 나아갈 수 있다.

벤더빌트 대학교의 데이비드 디킨슨이 사용하는 질문 방법이 있다. 이름하여 '다섯을 위한 고군분투'[21]이다. 탁구공을 5회 주고받는 것처럼 '대화'라는 공을 떨어뜨리지 않고 5회 동안 주고받

21 《최고의 교육》 참고.

는 방법이다.

해보면 알겠지만 다섯 번의 대화가 어려운 일도 아니지만 쉬운 일도 아니다. 상대방으로부터 어떤 질문을 받고 그 질문에 대답하면서 동시에 상대방의 의견을 묻는 일이 계속 이어져야 하기 때문이다. 잘 활용하면 아이의 질문력을 높여주는 아주 좋은 방법이다. 가령 이런 식으로 대화를 이어간다.

"오늘 수업 시간에 손을 들었니?"

"수학 시간에 손을 들었는데 선생님이 시켜주지 않았어요. 그래도 독서 시간에는 질문했어요."

"어떤 질문을 했어?"

"〈별주부전〉을 읽었는데요, 〈토끼와 거북이〉에서도 그렇고, 왜 토끼를 얄밉게 표현을 했을까가 궁금하다고 질문을 했어요."

"그래? 그러고 보니 〈토끼와 거북이〉도 그렇고 〈별주부전〉도 그러네. 네 생각은 어떠니?"

"거북이가 육지에 올라오면 확실히 느리잖아요. 토끼는 빠르구요. 아마 땅 위에서는 거북이가 불리하니까 거북이를 착하게 표현하려고 토끼를 빠르면서 얄밉게 그린 것 같아요."

"네가 만약 〈토끼와 거북이〉에 나오는 토끼였다면 어땠을 것 같아?"

"좀 억울했을 것 같아요. 원래 뒷다리가 더 길어서 폴짝 폴짝

뛰는 게 유리한 건데. 그래서 저라면 〈토끼와 거북이〉 내용을 다르게 만들었을 것 같아요."

말 그대로 고군분투가 될 수 있지만 몇 번만 해보면 익숙해져서 재미있는 토론이 될 수 있다. 이런 식의 질문과 대답이 이어지는 대화를 통해 아이들은 질문력이 강화된다. 특히 아이가 질문을 이어가는 과정, 대답을 찾아가는 과정을 격려해주면 아이의 사고는 훨씬 넓어질 수 있다.

더 깊은 질문으로 나아가는 법

황당한 질문이 가치 있는 질문이 될 수 있다. 새로운 물결을 일으킨 시발점을 보면 다소 황당한 질문에서 시작된 경우가 많다. '꼭 사람이 지구에서만 살란 법은 없지 않나?' 같은 다소 황당한 질문이 우주로의 탐험을 가능케 한다.

또한 가정하는 질문도 좋다. '만약에~~'라는 질문은 질문자로 하여금 마음껏 상상의 나래를 펼치게 만든다. '만약에 내가 세계 여행을 하게 된다면?', '만약에 AI 도우미가 집에 들어온다면?' 이런 가정적 질문을 마음껏 해보고 대화하고 생각할 때 다양한 아이디어가 나올 수 있다.

이러한 질문에는 물론 정답이 없다. 정답이 없기에 자유로운 상상의 세계로 이끈다. 언젠가 그 생각의 조각들이 아이의 잠재력을 발휘하게 하여 놀라운 결과를 만들어낼 수 있다.

또 질문을 바꿔보는 시도도 좋다. 아이로부터 받은 질문에 반응해주는 동시에, '네 생각은 어떠니?'와 '왜 그렇게 생각하니?' 등으로 바꾸어 질문하는 것이다. 질문을 바꾸어 다시 질문하면 아이의 사고 범위는 훨씬 넓어질 수 있다.

2019년 한국과학창의재단에서 진행한 워크숍(스탠포드 모바일 탐구기반 학습환경 스마일 프로젝트 후속 워크숍)에서 폴 킴 교수가 제시한 단계적 질문을 참고하는 것도 좋을 것이다.

폴 킴 교수가 이끄는 스마일 프로젝트 질문은 사고가 필요 없는 질문(1단계)에서부터 가정하고 예측해야 하는 질문(5단계)까지 5단계로 설계되어 있다. 사실과 지식에 관한 질문은 1, 2 단계이다. 비교분석해야 답할 수 있는 단계는 3단계, 정보를 활용하여 현상의 원인을 파악하는 것이 필요한 단계가 4단계, 만약에로 시작해서 어떻게 될 건지 예측이 필요한 단계가 가장 높은 5단계다.

아직도 우리 사회는 질문하는 문화에 익숙지 않다. 질문의 가치를 이해하면서도 수업시간에 나오는 황당한 질문은 여전히 환영받지 못한다. 그러나 다소 황당하고 쓸데없는 것 같은 질문 속

스마일 프로젝트 질문 5단계

구분	1단계 질문	2단계 질문	3단계 질문	4단계 질문	5단계 질문
특징	비판적 사고, 창의력이 필요 없는 질문	사실에 대한 질문	사실만 외워서 답할 수 없는 비교분석이 필요한 질문	정보를 알고 현상의 이유를 알아야 하는 질문	가정을 하고 그에 대한 예측을 해야 하는 질문
예시	베트남의 수도는 어디일까요?	테슬라가 디자인한 물건은 무엇일까요?	화성과 목성은 어떻게 다른가요?	웨이크 터뷸런스 현상이 소형 비행기에 왜 위험할까요?	스마트폰이 없어진다면 어떤 일이 벌어질까요?

에서 튀어나오는 아이디어가 세상을 바꿔나간다. 앞으로의 사회는 더 그런 질문 역량을 필요로 할 것이다. 아이들의 질문에 귀를 열어야 한다.

업글력은 필수이다

새로운 이슈가 부단히 출현하는 사회에 적응하려면

미래 사회에는 업(業)의 정의가 바뀌고, 업을 재정의해야 하는 일이 다반사가 될 것이다. 과거에 정의된 업의 범위가 넓어지기도 할 것이고, 다른 업과 융합되기도 할 것이고, 아예 다른 업으로 이동할 수도 있다는 의미다.

아마존이란 기업의 첫 시작은 온라인 서점이었다. 지금의 아마존은 전자상거래 기업이다. 아마존의 사업 분야는 계속 추가되고 있다. 10년 후의 아마존은 지금과는 전혀 다른 분야의 기업이 되어 있을지도 모르겠다.

그렇다면 그 속에서 일하는 사람들은 어떻게 될까? 업의 변화에 따라 끊임없이 자신을 변화시켜야 할 것이다. 자신을 변화시켜 적응하는 사람은 살아남을 것이고 그렇지 못한 사람은 떠나야 할 것이다.

우리 아이들이 살아갈 미래 사회의 모습은 더할 것이다. 새로운 문제와 이슈가 부단히 출현할 것이고, 사람들은 지속적인 학습으로 새로운 것들에 적극적으로 대응해야 할 것이다.

여기서 나는 이 능력을 '업글력'이라 표현하고 싶다. '업글'이란 업그레이드를 줄여 변형한 말로, 업글력은 업그레이드하는 능력이라 말할 수 있겠다. 미래 사회는 평생 공부의 시대이며, 업글력은 평생 공부의 시대를 맞아 갖추어야 할 역량이기도 하다.

원래 업그레이드가 컴퓨터의 하드웨어나 소프트웨어를 좀 더 높은 사양으로 변경하는 일을 의미하는 것이니, 업글력은 '빠른 속도로 지식을 업그레이드하여 새로운 문제를 해결해나가는 능력'을 의미한다. 앞으로 업글력을 키우는 데는 기계와의 협업, 그리고 여러 분야의 융합, 2가지가 중요하게 될 것이다.

기계와 함께 일하는 능력 키우기

기계나 시스템과 함께 일하는 전

문가가 기계 없이 일하는 전문가보다 더 나은 성과를 낼 수밖에 없다. 지금도 그렇지만 앞으로는 더욱 그러할 것이다.

1997년 IBM에서 인공지능 컴퓨터 딥블루를 만들었다. 체스 게임 용도로 만들어진 딥블루는 당시 체스 챔피언이었던 가리 카스파로브를 이겼다. 게임에서 패배한 카스파로브는 매우 화를 내며 기계를 걷어찼다고 한다.

이후에 체스 업계는 프리스타일 체스 토너먼트라는 대회를 만들었는데, 이는 사람과 기계가 연합해서 한 팀이 되어 경기를 하는 대회이다. 여기에서 주목해야 할 점은 인간과 기계의 협업, 공존이다.

우리는 앞으로 흔하게 기계와 팀을 이루어 일을 해야 할 것이다. 또 자신의 능력을 업그레이드를 위해서는 기계를 잘 활용하는 것이 필수가 될 것이다. 가리 카스파로브는 TED 강연에서 이렇게 말했다.

"나를 이긴 건 딥블루가 아니라 인간 창조자이다. 누군가 기계와 싸워서 졌다면 아주 훌륭한 뉴스다. 모든 직업 분야에서 이런 압박을 느낄 것이다. 그렇지 않다면 인간이 진보를 멈춘 것이다. 내가 경험에서 얻은 것은, 두려움에 맞서야만 기술을 최대한 활용할 수 있다는 것이다. 우리가 할 일은 가장 어렵고 답을 찾기 어려운 문제를 찾는 것이다."

가리 카스파로브의 이야기처럼 앞으로의 세계는 사람이 질문하고 기계를 활용해 더 나은 답을 찾는 방향으로 진화할 것이다. 따라서 기계를 적절하게 활용하는 것은 업글력을 키우는 주요한 방법이 될 것이다. 따라서 기계의 활용과 새로운 기술을 두려움 없이 배우는 마인드가 필요하다.

다행히 우리 아이들은 디지털 네이티브 세대다. AI 교육을 체계적으로 받으며 성장할 것이며, 새로운 기술을 빨리 받아들이고 이를 자신의 것으로 업그레이드하는 마인드도 갖추게 될 것이다.

여러 분야를 융합하여 업글력을 강화하기

업글력을 강화하는 또 하나의 방법은 다른 분야 지식과의 융합을 통해서이다.

세계는 하나의 전문 분야만으로는 다루기 어려운 문제가 점차 늘어나고 있다. 예를 들어 우리의 주요 환경 문제 중 하나인 미세먼지 문제만 해도 측정, 발생, 저감, 건강, 교통, 조세, 국제협력 등 여러 분야가 관련되어 있다. 이러한 문제를 해결하기 위해서는 관련 분야의 전문가가 모여 협업할 수밖에 없다. 미래 사회의 문제는 더 복잡해질 것이고, 문제의 해결을 위해서는 더 많은 분야의 협력이 필요할 것이다.

이렇듯 다른 분야의 전문 지식과 융합하고 협력하여 지식을 합치는 훈련을 통해서 업글력을 강화시킬 수 있다.

아이의 업글력 키우기

그렇다면 우리 아이들의 업글력을 키우기 위해 어떻게 해야 할까.

앞에서 업글력을 키우는 데는 기계와의 협업, 그리고 다른 분야와의 융합, 2가지가 중요하게 될 거라고 언급했지만, 의외로 많은 이들이 새로운 것을 접하고 배우는 것을 어려워한다.

아이들도 어른들과 다르지 않아 약점이 드러날 것을 걱정한다. 잘 못하면 어쩌나 하는 걱정으로 어려운 걸 배우지 않으려 하고, 하기 쉬운 것 위주로 선택하기도 한다.

이런 아이들에게는 성장 마인드셋을 키워주는 것이 필요하다. 배움을 통해서 성장할 수 있다고 믿는 믿음, 그 믿음이 있을 때 어려워도 계속 배울 동력을 얻는다. 이런 마인드를 가지려면 배움을 통해 얻게 되는 성취감을 충분히 맛볼 수 있게 해야 한다. 새롭게 알게 되는 것의 유용함을 느끼도록 하고, 배움의 결과보다 배움의 과정을 격려하고, 그 과정이 실제로 도움이 되고 있음을 경험하게 하는 것이 필요하다.

또한 독서는 빠른 속도로 지식을 업그레이드하기 위해 효율적인 방법이다. 책은 간접경험을 통해 새로운 유형의 문제를 접하게 해준다. 물론 직접 경험하는 것도 필요하지만 책을 통해 만나는 경험과 지혜, 위인들의 성공담과 시행착오는 지식의 세계를 폭넓게 해준다.

새로운 지식이나 기술로 자신을 업그레이드한다는 것은 새로운 트렌드에 민감하게 반응하고 변화에 응할 준비가 되어있다는 것을 의미한다. 준비된 자가 상황이 되면 튀어나갈 수 있듯이 업글력을 갖춘 인재는 자신에게 내재된 능력을 필요할 때에 바로 발휘할 수 있다.

갈수록 중요해지는 콘텐츠 습득 능력

주변의 흔한 물건이 중요한 콘텐츠가 된다

핀란드의 과학예술 융합 프로그램에 참여했을 때였다. 과학과 예술을 어떻게 융합하는지 궁금했던 터라 기대를 안고 수업에 들어갔다. 선생님은 우리를 공원으로 데리고 나가서 주위의 사물들을 줍게 한 뒤 그것을 이용해 원하는 집을 만들라는 과제를 주었다. 거기에 스토리를 입히라는 과제도 함께 주었다.

우리는 공원의 사물들을 줍기 위해 사방으로 흩어졌다. 제일 먼저 나의 눈에 들어온 것은 공원에 지천으로 피어있는 버섯이었다. 돌멩이, 나뭇가지, 나뭇잎 등도 함께 주었다. 주워온 것들을 모아

놓고 들여다보다가 버섯 모양을 이용한 돔 구조물을 만들었다.

그날 우리는 주변의 사물을 이용해 과학과 예술이 얼마나 아름답게 융합할 수 있는지를 알 수 있었다. 선생님과 우리는 우리가 만든 스토리가 있는 결과물을 놓고, 자연의 재질과 색깔, 그것을 있는 그대로 살려낸 구조물이 주는 편안함과 활용에 대한 이야기를 주고받았다.

"나뭇잎을 이용한 친환경하우스를 만들어 스위트홈을 꿈꾼다"는 한 발표자의 이야기를 들으면서는 나뭇잎의 재질과 색이 지니고 있는 고유성을 살펴볼 수 있었다. 그날따라 자연 속의 나뭇잎과 나무껍질, 버섯의 고유한 색깔들이 선명하게 눈에 들어왔다.

우리는 이런 활동을 통해서 주변의 것을 활용하여 얼마든지 배움을 이어갈 수 있다는 사실을 체험하였다.

영국의 한 교사가 진행한 물질에 대한 수업 예도 주변에 흔한 것, 그래서 자신과 관련된 것이 훌륭한 콘텐츠가 된다는 것을 보여준다.

그 교사가 아이들의 학습에 이용한 콘텐츠는 '각자가 집에서 좋아하는 물건'이었다. 아이들에게 자기가 좋아하는 집안 물건을 가지고 오게 한 뒤 물건을 좋아하는 이유, 그 물건이 어떤 물질로 이루어져 있는지 등을 발표하게 했다. 아이들은 할머니가 선물한 인형, 어릴 때부터 가지고 자던 애착 베개 등을 발표하고, 인형과 배게가 어떤 물질로 이루어져 있는지 발표했다. 그 과정에서 다양한 이야기가 만들어졌다. 스토리텔링과 더불어 물건에 대한 탐구가 이어지자 잊을 수 없는 살아있는 수업이 되었다.[22]

학교 밖에도 다양한 콘텐츠가 있다. 과학관, 도서관, 미술관, 박물관에서 이루어지는 학생 대상의 프로그램도 훌륭한 콘텐츠이다. 관심 있는 직업을 알아보기 위해 다양한 직업을 갖고 생활하고 있는 동네 어른들을 인터뷰해보는 것도 살아있는 콘텐츠 습득 방법이다. 인터뷰를 준비하는 과정에서 연관 정보를 얻고 콘텐츠를 접하며 좋은 학습이 이루어질 수 있다.

디지털 콘텐츠 200% 활용하기

코로나 펜데믹으로 인한 온라인 개학으로 아이들의 스마트 기기에 대한 접근이 더욱 확대되고 있다. 혹시라도 게임에 빠져들까 봐 걱정이 많은 부모들도 수업을 컴퓨터로 하니 그냥 켜줄 수밖에 없다. 온라인으로 수업을 해본 선생님들은 펜데믹 상황에서 벗어나더라도 온라인 수업의 장점

22 《최고의 교육》 참고.

을 계속 살려나가겠다는 입장이다.

이런 추세와 함께 하루에 생성되는 새로운 디지털 콘텐츠는 상상을 초월한다. 이제는 디지털 환경에의 노출에 따른 부정적인 면만을 걱정할 것이 아니라 적극적으로 아이들이 디지털 콘텐츠를 습득할 수 있도록 돕는 방법을 진지하게 고민해야 할 시점에 왔다.

우선 어떤 디지털 콘텐츠가 있는지 살펴보는 것이 필요하다. 아이들의 교육에 도움이 될 콘텐츠라면 크게 세 가지 정도로 나눌 수 있다.[23] 온라인 수업에서 가장 많이 접했을 온라인 쌍방향 실시간 강연과 유튜브 채널의 동영상, VR 체험 활동 등이 그것이다.

1) 온라인 쌍방향 실시간 강연

현재 실시간 강연이 매우 활발히 서비스되고 있다. 이 콘텐츠의 강점은 새롭고 신선한 주제를 대중에게 전달하고 참여시키며 소통한다는 점이다. 코로나 펜데믹으로 오프라인 강연이 제한되면서 온라인 실시간 강연이 늘어날 수밖에 없었지만, 코로나 펜데믹 이후에도 활발하게 서비스될 것이다.

---

23 〈뉴스1〉, '박영숙의 미래여행', 2018. 9. 23. 참고.

2) 유튜브 등 인터넷 채널에서 제공되는 동영상

세계적으로 가장 많이 이용하는 유튜브 채널에서 제공되는 동영상을 비롯한 다양한 동영상을 통해서도 콘텐츠 습득력을 높일 수 있다.

저명한 이들이 나와 신선한 주제로 재미있게 이야기를 전하는 플랫폼인 '테드(TED)'는 많은 사람들이 이용하는 강연 채널이다. 비영리 강연 채널인 테드는 무료로 다양하고 질 높은 강연 영상을 제공한다. 한국어 자막 서비스도 제공하기에 쉽게 접근하여 활용할 수 있다.

이러한 인터넷 강연에서 학생들은 지식을 습득할 수 있을 뿐만 아니라 스토리텔링 과정을 익힐 수도 있다.

3) VR 콘텐츠

가상현실 기술력이 좋아지면서 VR 콘텐츠도 잘 활용하여 습득해야 한다. 이 분야는 현재 활발히 개발되고 있으며, 최근 들어 VR을 이용한 여행과 체험 프로그램이 많이 제작되고 있어서 실제와 다름 없는 다양한 체험을 할 수 있다.

이렇듯 디지털 콘텐츠를 잘 습득하는 능력은 학습 역량을 강화하는 데에 있어서 중요한 요소가 되었다. 코로나 펜데믹 상황에서 온오프라인을 넘나들어야 하는 환경으로 스마트 기기의 사용과 디지털 콘텐츠 습득은 필수가 되어버렸다. 물론 여전히 디지털 콘텐츠의 무분별한 사용은 문제로 남아있지만, 디지털 콘텐츠를 잘 습득할 수 있는 방법과 방향을 체계적으로 고민하고 지도하는 것이 필수인 시대가 되었다.

아이에게 의미가 있는 것, 아이에게 궁금증이 생기게 하는 것, 그래서 깊이 알고 싶은 것 등 모든 것이 콘텐츠이고 배움의 도구가 된다. 그것이 자연 속의 콘텐츠일 수도 있고, 디지털 환경 속의 콘텐츠일 수도 있다. 새로운 콘텐츠를 습득하는 과정은 좋은 학습의 시작이다.

7장

다양성
다양한 답을 찾아갈 수 있는가

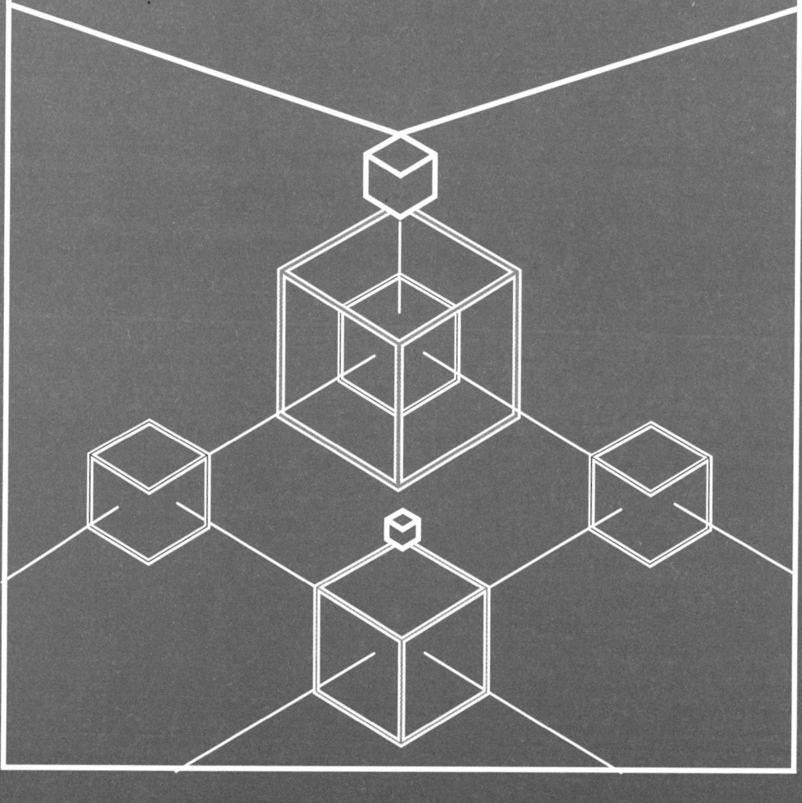

정답이 없는 문제는 단편적인 지식만으로 해결할 수 없는 문제이다. 그러면 문제를 끌어안고 씨름할 수밖에 없다. 이런 상황에서 가져야 할 마인드가 유연성이다. 보다 나은 해결을 찾기 위해 이것도 방법일 수 있고 저것도 방법일 수 있다는 마인드로 접근하는 태도다.

노벨상 수상자 파인만 아버지의 독특한 독서 교육

책의 중요성에 대한 언급은 솔직히 진부할 정도다. 진부해도 끊임없이 누군가는 책읽기의 중요성을 강조한다. 그만큼 독서가 중요하다는 반증이다. 왜일까. 독서는 사람에게 다양한 경험을 해주게 하는 가장 효율적인 방법이기 때문이다.

어린 시절 나의 모습 하면 대개 책 읽는 모습이 떠오른다. 읽을거리가 그렇게 많지 않아 활자로 된 것은 닥치는 대로 읽었던 것 같다. 동화책과 소설은 물론이요 삼촌들의 교과서까지 읽으며 새로운 걸 알가가는 재미에 빠지곤 했는데, 이러한 잡식성(?) 덕분인지 다양한 분야의 지식과 정보를 얻을 수 있었다.

어린 시절부터 이어져온 독서는 나의 성장에 큰 자양분이 되었다고 생각한다. 독서 덕분에 성적이 향상되었다는 의미가 아니다. 오히려 소설을 너무 읽어서 공부할 시간이 줄 정도였으니까. 그러나 이때의 독서가 사고의 폭을 넓혀주었다고 생각한다. 책을 통해 세상엔 참 다양한 가능성이 존재하고 있다는 것을 이해할 수 있었고, 이러한 다양한 경험이(그것이 비록 책을 통한 경험이었다 해도) 교육의 현장에서 다양한 아이디어로 재탄생되었다고 믿는다.

독서는 다양한 답이 있다는 것을 알게 한다

하나의 문제에 하나의 답만 있는 것이 아니다. 상황에 따라 사람에 따라 답은 다 다를 수 있다. 또 어제는 맞았던 답이 오늘은 답이 아닐 수도 있다. 세상은 순간순간 변화하고 있고 그래서 우리에게 유연한 태도를 요구한다. 이것이 다양한 답이 있다는 것을 알고 유연하게 문제를 해결해 나가는 사람이 이 시대가 원하는 인재인 이유이다.

그렇다면 지금껏 하나의 정답만을 찾아내는 환경에 익숙한 이들에게 어떻게 하면 다양한 답을 추구할 수 있도록 도울 수 있을까. 그 첫 번째 방법은 독서에서 찾을 수 있다고 본다. 왜 그런지 잠깐 살펴보자.

일단 책 자체가 다양성을 품고 있다. 사람의 생김생김이 모두 다르듯 책은 소재나 주제, 만든 이들의 생각이나 표현 방식, 하다못해 디자인까지도 다 각양각색이다. 세상에는 똑같은 책이 단 한 권도 없지 않은가. 이처럼 도서관에 꽂혀 있는 수많은 책들은 저마다 다른 색감과 느낌, 표현을 품고 있다.

또한 같은 책을 집어 들고 읽는다 해도 느끼는 감정과 생각은 사람마다 다르다. 게다가 같은 사람이 같은 책을 읽는다 해도 언제 읽었느냐에 따라 느낌 등이 다를 수밖에 없다. 이처럼 매우 많은 경우의 수가 독서를 통해 발생하는 셈이다. 그러니 독서라는 행위 자체가 다양성을 품고 있을 수밖에 없다. 독서는 독자를 상상과 생각의 나래를 펼치게 하며, 책 속의 다양한 세상과 다양한 답들을 간접적으로 경험하게 한다.

또한 독서는 수많은 사람들과의 만남을 통해 그들의 다양한 문제해결법을 간접 경험하게 해준다. 책 속에서 수많은 사람들과 대화하며, 그들이 어떤 문제와 고난을 만났는지, 그리고 어떻게 그 고난을 해결해나갔는지, 또 어떻게 실패를 극복해나갔는지를 경험하면서 다양한 문제해결법을 습득할 수 있다.

이렇듯 독서는 독자에게 다양한 세상과 사람을 보여주고 다양한 경험으로 안내한다. 또한 다양한 해결책을 경험하게 함으로써 다양한 답이 있다는 것을 알게 하고 독자가 다양한 답을 추구하도록 이끈다.

평생 책 읽기 습관은 책 읽기에 대한 좋은 기분에서 시작된다

아이들에게 독서 역량을 키워주려면 우선 책과 친해질 수 있는 환경을 만들어주는 것부터 시작하는 것이 좋다. 독서가 좋다고 어떻게든 책을 많이 읽혀야 한다는 생각으로 다가가면 아이가 독서에 흥미를 갖기 어렵다.

먼저 책과 함께 노는 것부터 시작한다. 그러다 보면 아이가 스스로 책에 흥미를 느끼는 순간이 오는데, 그때를 놓치지 말고 붙잡아야 한다.

노벨 물리학상을 받으며 아인슈타인과 함께 20세기 물리학의 양대 산맥으로 불리는 리처드 파인만은 어렸을 때 아버지가 선물한 브리태니커 백과사전을 읽는 것을 좋아했다. 글을 알기 전에는 책장을 넘기며 그림이나 사진 보는 걸 좋아했는데, 그 순간에 주목한 아버지 맬빌은 아이의 눈길이 멈춘 부분을 설명해주며 흥미를 돋웠다고 한다.

파인만이 공룡 티라노사우르스에 흥미를 보이자 아버지는 파인만이 쉽게 이해할 수 있도록 주변의 사물과 비교해가며 실감나게 설명해주었다.

아빠: 티라노사우루스의 키는 7~8미터이고 머리둘레는 2미터야.

7~8미터는 얼마만큼 큰 걸까? 공룡이 우리 집 정원에 서 있다고 상상해봐.

아들: 우리 집 지붕을 다 뚫어버리지 않을까요?

아빠: 7~8미터면 티라노사우루스의 머리가 우리 집 2층 창문에 닿을 정도야. 어마어마하지. 머리 둘레가 2미터가 되니 창문으로 고개를 들이밀 수는 없겠다.

아들: 그래요. 고개를 들이밀기엔 우리 집 창문이 너무 작아요.

리처드 파인만은 아버지와 함께 책과 노는 것을 좋아했다. 파인만은 글을 모르는 데도 아빠와 함께 이야기를 나누며 나중에는 책 내용을 훤하게 알게 되었다. 또 아빠에게서 내용을 알기 쉽게 표현하거나 실감나게 설명하는 방법도 배웠다. 이렇게 책에 대한 사랑은 이어졌고, 파인만은 이야기책 읽기보다 사전 읽기를 더 좋아했다고 한다. 이는 책에 흥미를 가지는 순간을 잘 포착해서 책과 친해질 수 있도록 이끈 부모가 있었던 덕분이다.

책을 가지고 논다는 것은 책과 함께 좋은 기분을 쫓는다는 것을 의미한다. 다시 말해 책을 읽을 때 좋은 기분이 들도록 하는 것이 중요하다.

책을 읽을 때 느끼는 기분은 평생 책 읽기 습관의 시작이다. 좋은 기분이 들면 평생 책 읽기를 계속할 수 있다. 그래서 많이 읽기, 어려운 책 읽기가 아니라 그냥 책 읽기를 좋아하게 하는 게 먼저다. 책 읽기가 기분이 좋은 일이 되면 많이 읽을 수 있고, 오래 읽을 수 있다. 이처럼 평생 책 읽기 습관은 책 읽기에 대한 좋은 기분에서 시작된다.

공부가 즐거워서는 안 되는 것일까

안타깝게도 수포자라는 말이 심심찮게 들리는 요즘이다. 일찌감치 수학을 포기하겠다고 마음먹은 학생들은 학년이 올라갈수록 어려워지는 수학 문제와 씨름하기보다는 다른 과목에서 점수를 따겠다며 수학과 담을 쌓는다.

과학창의재단에서는 수학클리닉(애스크매스 사이트(https://askmath.kofac.re.kr)에서 무료로 검사를 할 수 있다)을 진행하고 있다. "수학에 대한 학생들의 마음을 살펴 도와주는 방법을 찾겠다"는 취지로 시작한 프로그램이다. 프로그램에 참여하면 먼저 학생들에게 몇 가지 질문을 하는데, "수학하면 떠오르는 게 무엇인가", "어떻게 하면 재미있게 수학을 공부할 수 있을까" 등을 묻는다.

"엄마의 잔소리요."

"쉬운 문제만 나왔으면 좋겠어요."

질문에 대한 학생들의 답은 각양각색이었지만, 나에게 인상적이었던 학생들의 대답이다. 엄마의 지나친 관심과 틀리지 말아야 한다는 부담이 학생들의 솔직한 답변에서 고스란히 전해진다.

비단 수학만의 문제가 아니라고 생각한다. 우리는 왜 공부를 재미있게 하지 못할까. 과연 공부는 즐겁게 해서는 안 되는 것일까.

그건 아니라고 생각한다. 방향을 달리해보면 어떨까. 성적이 아닌 배움에 목적을 두고 공부를 이어가면 공부가 주는 재미를 맛볼 수 있다. 이렇게 공부가 재미있어질 때 공부를 통해서 다양한 세상을 유영할 수 있다.

수업이 어떠냐에 따라 아이들의 수업 태도 또한 달라진다

인천의 한 초등학교 선생님이 학생들과 함께 스팀 교육을 실시했다. 스팀 교육은 실제 세계의 문제를 해결하기 위해 과목 간 융합을 중시한다. 선생님이 스팀 교육을 위해 선택한 아이템은 여러 분야를 아우를 수 있는 '나만의 스피커 만들기'였다.

방과후 수업이었는데, 처음엔 반응이 미적지근했다. 수업이 끝나면 바로 학원에 가야 하는 아이들의 상황도 배려해줘야 하는 등 어수선한 분위기에서 수업이 진행되었다.

먼저 모둠별로 스피커가 어떤 원리를 통해 소리가 증폭되고 어떻게 만들어지는지를 준비한 자료와 인터넷을 통해 알아보고, 궁금한 것은 선생님에게 물어보며 이론적인 부분을 채우는 시간을 가졌다.

그러고는 자신들만의 스피커를 어떻게 만들 것인지를 생각하고 토론하며 계획하는 시간을 가졌다.

세상에 하나밖에 없는 스피커라니 처음에는 아이들이 난감해했지만, 이내 하나둘 의견을 내기 시작하며 수업은 활기를 더해갔고 시간이 지날수록 열기를 띄기 시작했다.

수업 둘째 주부터는 수업에 참여한 아이들이 팔을 걷어붙이고 달려들었다. 친구에게 모르는 것을 묻기도 하고, 뭔가 잘못 되었다고 생각되면 뜯고 처음부터 다시 시작하기도 했다. 평가나 성적에 구애받는 일이 아니고 자신들의 아이디어를 녹여내는 작업이다 보니 매우 열심이었다. 그러다가 자신들이 만든 스피커에서 소리가 증폭되어 나오자 탄성이 흘러 나왔다.

몇 주 동안 이 수업을 성공적으로 지도한 선생님은 스팀 교육이 주는 유용함을 이렇게 표현했다.

"스팀 수업은 아이들이 엉덩이를 들고 수업에 참여하도록 하는 거였습니다."

수업 시간에 말 한마디 하지 않던 아이가 엉덩이를 들썩거리며 발표를 하고 창의적인 아이디어를 내는 것을 보며 선생님은 수업이 어떠냐에 따라 아이들의 수업 태도 또한 달라진다는 것을 체감하였다.

재미있게 공부하면 공부 재미에 빠지게 된다. 공부 재미에 빠지게 되면 누가 말하지 않아도 공부하게 되고 그를 통해 연관 지식을 쌓게 된다. 그 연관 지식을 쌓는 과정에서 다양한 답들을 만나게 되는 것이다.

배우는 것과 실제 세계를 연관 짓는 수업

코로나19로 인해 온라인 수업이 활성화되면서 한 선생님이 학생 중심의 수업을 시도했다. 선생님은 온라인 수업 환경이 지속되면서 '아이들이 어떻게 하면 온라인 수업에 흥미를 느낄 수 있을까'를 고민하였고, 교과 내용을 학생들 자신의 이야기와 연관시키면 흥미가 높아질 거라 판단하였다.

한창 인구에 대해 배우고 있던 때여서 선생님은 먼저 인구의 변화 분포 등의 통계청 데이터를 가지고 와서 통계가 의미하는 바에 대해 설명했다. 그러고는 '우리 마을의 인구와 기온을 20년 전과 비교하기'라는 주제를 과제로 제시하였다. 학생들이 궁금해 할 만한 주제, 재미를 느낄 만한 주제로 수업을 확장한 것이다.

학생들은 자신의 마을을 중심으로 지역 인구의 데이터를 조사하는 등 나만의 데이터를 조사 분석하고, 20년 전 나의 생일과 지금의 나의 생일의 기온이 어떻게 다른지를 조사하면서 자신이 중심이 된 수업을 할 수 있었다.

혁신적이고 독창적인 교육자로 잘 알려진 영국 그레인지 초등학교의 리처드 거버 교장 선생님은 무엇보다도 재미난 수업과 공부에 많은 노력을 기울였던 교육자다. 그는 수업에서 배우는 것과 실제 세계를 연관 지어 체험하도록 하여 학생들의 학습 의욕과 재미를 높였다.

그는 수학 시간에는 가게를 운영하게 하여 수익을 평가하며 수를 익히게 하였고, 영화 시나리오로 읽기, 쓰기, 글짓기 수업을 하였고, 라디오 방송국의 선곡표를 작성하며 음악 수업을 하였다. 이렇게 실제 세계와 자신이 배우는 것의 연관성을 수업에서 경험하게 했다.[24]

---

24 《오늘 만드는 내일의 학교》, 리처드 거버, 열린책들

이렇게 자신이 배우는 것이 실제 세계에서 어떻게 쓰이는지 알게 되면 학습에 동기부여가 된다. 학습에 동기부여가 이루어지면 개념과 원리도 금방 습득한다. 무엇보다 공부가 재밌어짐에 따라 다양하게 배우고 싶은 의욕이 자극되는 선순환이 만들어진다.

아이들은 공부가 재밌어지는 순간 놀라운 능력을 발휘한다. 그 재미를 알도록 환경을 만들고 그 환경으로 이끌어주면 아이들의 학습 역량은 폭발적으로 상승한다.

재미있는 수학으로 다양함을 공부하다

수학과 과학 과목의 중요성이 갈수록 높아지고 있음에도 여전히 흥미를 찾지 못하는 아이들이 많다. 중요하지만 어렵다고 생각하여 일찌감치 손에서 놓아버리기 때문이다. 특히나 수포자가 갈수록 많아지고 있다는 소식은 현장 전문가인 나에게 참으로 안타까운 소식이다.

그렇다고 '앞으로는 수학이 더 중요해지니까 열심히 해야 한다'고 말하면 수학에 흥미가 생길까. 수학의 중요성에 대해서 공감할지는 몰라도 그것이 흥미로 이어지기는 쉽지 않을 것이다. 관심을 끌 요소가 있을 때 흥미를 갖게 되고 그것이 재미있는 학습으로 이어진다.

수학이 재미있어지는 순간, 다양한 길이 보이다

국어나 사회, 역사 과목을 좋아하고 자신 있어 하는 아이가 있었다. 수학, 과학엔 흥미가 없었고 중학생이 되어 성적이 떨어지니 교과서만 보면 짜증이 났다.

그렇지만 마음 한켠에는 수학에 대한 부담감이 늘 따라다녔다. 그러던 참에 과학창의재단이 주관하는 창의성개발 캠프에 참석하여 대학생 멘토와 만나면서 바뀌기 시작했다.

4박 5일짜리 캠프에서 아이가 만난 수학은 게임이었고 퍼즐이었고 퀴즈였다. 게다가 일상생활에서 수학이 얼마나 많이 활용되는지 알게 되자 수학을 보는 마인드가 확 달라졌다. 처음으로 수학이 재미있다는 생각이 들었다.

그 뒤부터 그 아이는 자신의 미래와 수학에 대해 다시 생각하기 시작했다. 살펴보니 자신이 가고자 하는 미래(자동차 연구원)에 수학이 미치는 영향이 크다는 것을 깨달았다. 역사와 사회에 대한 관심이 많은 터라 수학과는 연관이 없을 줄 알았는데, 수많은 사회의 데이터와 그것을 분석하는 데 수학이 중요한 툴이 되는지 알게 되었고, 수많은 역사 데이터 역시 수학의 통계와 확률이 연계될 때 편리한 자료로 정리될 수 있음을 알게 되었다.

수학이 재미있어지는 순간, 아이는 자신의 미래를 좀 더 다양하게 꿈꿀 수 있었다. 이렇게 되니 스스로가 수학을 재미있게 공부하는 방법을 찾아갔다. 학습과 진로 탐색 주체성이 콜라보를 이룬 것이다.

수학과 같이 사고력을 요하는 학습은 흥미를 유발하는 요소와 함께 접근할 때 다양한 세계가 열린다.

한 수학 선생님은 중학교 때 다각형 내각의 합에 대한 정의를 배우면서 마냥 외워야 하는 것에 의문을 품었다. 삼각형 내각의 합이 180도라는 것은 알고 있었기에 그것을 시작으로 도형을 쪼개기 시작했다.

사각형을 반으로 잘라보니 삼각형 두 개가 되어 360도가 되고, 오각형을 잘라보니 삼각형 세 개가 되어 560도가 되었다. 이런 식으로 어떠한 도형도 쪼개다 보니 도형 쪼개기가 재밌어졌다. 이 과정을 통해 다각형의 내각의 합이 어떻게 달라지는지 알게 되면서 도형의 세계에 대해 좀 더 알아보고 싶어졌다.

그렇게 다양한 도형의 세계로 점층적으로 옮겨다니며 공부를 하다가 마침내 그는 수학을 가르치는 유명한 선생님이 되었다.

수학을 단순 문제풀이로 생각하여 학습을 하다 보면 매우 지루하고 성취감도 느끼지 못한다. 오로지 답 찾기에 집착하면 왜 그런 답이 나오는지도 모른 채, 찍기의 신이 될지도 모른다.

그러나 수학이 주는 매력, 수학 속에 숨어있는 의미와 재미를 발견한다면 수학에 대한 태도가 달라진다. 또 수학이 일상생활과 매우 밀접하게 연관되어 있다는 것을 발견하고 흥미를 느끼게 되면 분명 다양한 분야로의 확장 학습이 이루어질 수 있다.

한국과학창의재단의 다양한 수학 프로그램

과학창의재단에서 주관하는 여러 수학 관련 프로그램에 참여하여 수학에 재미를 갖게 되었다는 피드백을 자주 받는다.
대학과 연계하여 진행하는 수학 관련 프로그램도 있고, 〈매스토크(Math Talk)〉, 〈가족단위 수학공감 프로그램〉, 〈수학 클리닉〉, 〈수학 체험전〉 등 다양한 수학 관련 프로그램이 있는데, 모든 프로그램이 지향하는 바는 재미있는 수학이다.
재미있게 수학에 접근하여 흥미를 유발하고, 그를 통해 다양한 풀이 방법과 다양한 학습력을 제공한다.

과학창의재단에서 하는 다양한 수학 프로그램은 에스크메스라는 사이트에 소개되어 있다. 몇 가지를 소개하면 다음과 같다.
(https://askmath.kofac.re.kr)

1. 〈수학 익힘책〉을 혼자 풀기 어려울 때 도와주는 초등수학 익힘책 해설을 제공한다.

2. 〈수학 클리닉 검사〉를 받을 수 있다. 수학 클리닉은 수학에 대한 태도, 수학에 대한 자기 효능감, 수학 불안, 수학학습 방법을 검

사해서 진단해준다. 홈페이지에서 로그인하면 검사받을 수 있다.

3. 내 아이 수학학습 지도를 어떻게 할지 모를 때 도와주는 〈초등수학 핵심 지도법〉을 제공한다.

4. 〈알지오매스〉 코너에서는 도형을 그려보고 코딩해볼 수 있다.

5. 〈수다학 방송〉 코너에서는 수학 학습법을 소개하여 수학 자신감을 높여준다.

통째로 경험하여 배우게 하라

"지금부터 빨래집게로 포식자 놀이를 합니다. 여러분은 동물입니다. 빨래집게가 없으면 잡아먹힌 거고 빨래집게가 많으면 많이 잡아먹은 겁니다. 초식동물은 빨래집게 하나, 육식동물은 빨래집게 두 개를 옷에다 꽂습니다. 각자 지형지물을 이용해서 숨을 수 있습니다. 시간은 15분입니다."

호루라기 소리가 울리자 참가자들은 모두 동물로 변하기 시작했다. 자기가 분한 동물의 특성을 터득하여 그대로 행동하며 빨래집게를 빼앗기지 않으려 경계했고, 동시에 경계가 허술한 누군가(동물)의 빨래집게를 빼앗으려 기를 썼다.

재빠르게 나무 뒤에 숨기도 하고 상대를 피해 달리기도 하며 뺏고 뺏기는 게임이 계속되었지만 웃음은 끊이지 않았다. 나 역시 누군가의 빨래집게를 극적으로 빼앗기도 했지만 가지고 있던 것을 모두 빼앗겼다.

마침내 종료 호루라기가 울리자 여기저기서 탄성과 함께 주저앉는 동물들이 속출했다. 그 몇 분 동안 온 힘을 다한 탓이다. 게임을 주도했던 선생님은 모두를 한자리에 모으고 어떻게 게임을 했는지 묻고 피드백의 시간을 가졌다.

"당신은 어떻게 이렇게 빨래집게를 많이 모았죠?"

"저는 육식동물이었는데요, 다른 동물이 먹이를 구하느라 신경 쓰고 있을 때 뒤에서 몰래 급습했어요."

"굿! 실제로 하이에나가 그렇게 포식을 하기도 한답니다."

그날 수업은 먹이사슬에 관한 것이었고 준비물은 빨래집게와 호루라기가 다였지만, 다양한 동물들의 습성을 알 수 있었고, 그 자리에 등장한 동물들의 먹이사슬을 간단한 게임을 통해서 통째로 이해할 수 있었다. 현직 교사들과 함께 참석한 해외 연수 프로그램 중 이 수업이 가장 기억에 남은 이유는 하나였다. 몸소 체험하는 수업이었기 때문이다.

경험은 새로운 것에 대한 두려움을 사라지게 만든다

경험은 학습의 좋은 방법이다. 앞서 책을 통한 간접 경험을 다루었지만 여기서 말하는 경험은 직접 몸으로 하는 경험이다.

아이는 경험으로 성장한다. 경험을 통해 아이들은 배움의 순간들을 포착한다. 경험을 통한 학습은 교실과 실제 생활 사이의 경계를 허문다. 그러므로 체험을 배움으로 지속적으로 연결할 수 있어야 한다. 또한 우연한 체험은 이전에 만난 적이 없는 미지의 영역으로 아이를 안내하기도 한다.

파인만은 아버지와의 경험을 통해 학습하는 법을 배웠다. 아버지는 어린 파인만이 새에 관심이 있다는 것을 발견하고, 아이와 함께 새 관찰을 시작했다. 아버지는 파인만에게 관찰하는 법을 알려주었고, 관찰하면서 사물의 본질을 파악하는 법을 알려주었다. 새 이름만 알고 정작 새에 대해서는 아무것도 모르고 지나가는 일이 없도록 한 것이다.

아버지: 저 새들이 왜 자기 깃털을 쪼고 있다고 생각하니?

파인만: 새가 날아다니는 동안 깃털이 흐트러져서 나란히 하려고 그러나 봐요

아버지: 그래? 그 말이 사실이려면 땅에 내려온 직후에 많이 쪼고 시간이 지나면 깃털을 많이 쪼지 않겠네. 그러면 정말 그러는지 한번 살펴보자.

(한참을 관찰해보니 새가 계속 깃털을 쫀다.)

파인만: 모르겠어요. 왜 새가 계속 깃털을 쪼지요?

아버지: 깃털 속에 이가 있어서 그러는 거다. 이는 깃털 속 단백질을 먹고 살지.[25]

새 관찰이라는 경험을 통해 파인만은 자연이나 사물에 대한 관찰의 즐거움을 알 수 있었다. 새로운 것을 만나면 두려움도 생기지만 그것보다 더 큰 재미와 즐거움도 있다는 것을 안 것이다. 이러한 경험들을 토대로 파인만은 주장과 근거를 과학적으로 찾는 법을 알게 되었다.

학습과 경험이 만나면 큰 시너지가 나온다

따라서 아이들이 학습과 생활을 통해 다양한 경험을 하도록 지원하는 것이 필요하다. 생활 속에

25 《클래식 파인만》, 리처드 파인만, 랠프 레이턴, 사이언스북스.

서 아이와 함께 경험할 수 있는 일은 많다. 과학창의재단에서 운영하는 웹사이트인 크레존(www.crezone.net)에는 다양한 체험활동 시설과 프로그램이 소개되어 있다. 지역마다 열리는 지역축제, 과학관, 박물관, 미술관, 도서관도 훌륭한 체험 장소가 될 수 있다.

아이와 함께 경험 학습을 하기 전이나 후의 활동에 신경쓰면 더 좋은 체험 활동이 될 수 있다. 예를 들어 과학관에 가기 전에 과학관에 대한 정보나 눈여겨볼 내용에 대해 미리 자료 조사를 한다거나, 다녀와서 본 것에 대해 이야기를 나누면 더 많이 배울 수 있다. 필요하다면 책을 더 읽는 식으로 활동을 확장해나가는 것도 좋다.

어떤 경험이 학습 중에 연결되고 적용되는 경우가 있다. 이때 아이는 '아하' 하는 깨달음을 만나기도 한다. 또 경험과 학습이 마주할 때 나오는 시너지로 통찰력 있는 생각이 탄생할 수도 있다.

이렇듯 경험은 학습을 촉진하는 요소가 된다. 색다른 상황과 맥락을 경험하게 되면서 감정이 살아나고, 도전의식이 생긴다. 좀 더 나은 사람으로 나아가게 하는 자양분이 되는 것이다. 그러므로 우리 아이들에게 어떤 현상을 통째로 경험할 수 있는 기회가 많아야 한다.

100명의 아이에게 100개의 답이 있다

미래 사회는 유연함을 원한다

정해진 틀 없이 이런저런 모양으로 모습으로 바뀔 수 있는, 자유스런 생각과 태도가 유연함이다. 미래 사회는 이런 유연함을 원한다.

그러나 우리는 지금껏 정해진 하나의 답에 연연해 왔다. 하나의 정답을 찾는 사지선다형 시험 방식 등을 여전히 고수하고 있으며, 이를 통해 성적 위주의 서열화를 고착시켜 왔다.

세상은 갈수록 풀어야 할 문제가 훨씬 복잡하고 난해해져 가고 있고, 덧셈 뺄셈 문제처럼 명확한 정답이 있는 문제가 아닌 정답이 없는 문제에 둘러싸여 가고 있는데도 말이다.

정답이 없는 문제는 단편적인 지식만으로 해결할 수 없는 문제이다. 그러면 문제를 끌어안고 씨름할 수밖에 없다. 이런 상황에서 가져야 할 마인드가 유연성이다. 보다 나은 해결책을 찾기 위해 이것도 방법일 수 있고 저것도 방법일 수 있다는 마인드로 접근하는 태도다.

학교 제도는 사회적 수용과 함께 간다. 정답 없는 문제를 사회가 수용하고 인정할 때, 삶에서 필요한 걸 학교에서 더 많이 배울 수 있다. 성적과 평가에 자유로워지면 아이들에게 더 많은 걸 제공해줄 수 있다. 정답 없는 문제에 지혜로운 결정을 내릴 수 있는 방법을 가르치는 학교가 가능해질 수 있다.

100명의 학생에게 100개의 답이 있다

우리나라에서 2009년부터 시작된 스팀 수업은 100명의 학생에게 100개의 답이 있다는 걸 보여주었고, 학교에서 이런 다양한 답을 찾는 교육이 가능하다는 것을 보여주었다. 스팀 수업이 다른 수업 사이에서 괴리감을 주기도 했지만, 그래도 두 교과 이상의 융합 수업을 시도하며 서로 다른 의견에 귀 기울여주는 분위기를 만들어가니 선생님들에게서 비슷한 피드백이 이어졌다.

"우리 학생들이 그렇게 잘할 줄 몰랐어요."

학생들 역시 자신의 "생각을 수업에서 자유롭게 표현할 수 있어서 좋았다"는 반응을 보였다. 수업의 내용도 여러 과목이 섞여 있어서 학생들은 자연스럽고 유연한 생각이 가능해졌고, 이를 바탕으로 자유롭게 표현하며 다양하게 답하는 것이 가능해졌기 때문이다.

학교에서 학생들은 인생에서 만나는 여러 가지 문제를 해결할 수 있는 능력을 키울 수 있어야 한다. 그게 가능하려면 집에서부터 아이가 자유롭게 질문할 수 있어야 하고, 아이의 독창적인 해결을, 그것이 엉뚱하고 터무니없는 것이라 해도, 격려해주어야 한다.

답 없는 문제도 풀어보고 답이 아닌 이야기도 나눌 수 있어야 한다. 이를 통해 답이 두 개일 수도 있고, 두 개보다 더 많을 수도 있고, 혹은 답이 없을 수도 있다는 마인드를 가져야 한다.

여기서 나는 '서술형 평가'와 '질문을 찾는 학습'이 어떻게 사고의 유연함을 학습하게 하는지를 살펴보겠다.

1. 서술형 평가로 생각하게 해야 한다

10년 동안 LG전자 프랑스 법인장으로 일한 에리크 쉬르데주는 한국 기업의 문화와 평가를 담은 책 《한국인은 미쳤다》에서

"한국의 성적과 서열 위주의 평가방식이 21세기에도 먹힐 수 있나"를 묻고 있다. 그러면서 그는 한국 기업의 딱딱한 관리 문화를 비판했다.

그는 책에서 "한국인은 모든 걸 계량화하고, 엑셀 시트로 엄청 촘촘히 관리한다"라고 말하며 "정해놓은 기준 외에 다른 의견을 잘 받아들이지 않는다"고 지적한다. 이러한 기업 문화가 창의적인 업무를 어렵게 한다는 것이다.

나는 한 외국 기업인의 지적이 '맞는지' '틀리는지'를 떠나, 우리를 돌아보게 하는 계기로 삼는 것은 필요하다고 생각한다. 사실 나는 그의 지적에 어느 정도 공감하는 편인데, 그의 지적이 우리 교육의 주요 평가방식인 객관식 평가와 많은 관련이 있다고 생각하기 때문이다.

객관식 평가는 단편적인 지식에 대한 체크밖에 되지 않는다. 그런데도 채점 시간과 공정성 시비에서 효율적이라고 판단하여 선호하고 있다. 하지만 객관식 문항에서는 숫자로 된 점수만 나온다. 학습자가 뭘 얼마만큼 알고 있는지, 실제 세계에 지식이 어떻게 적용되는지를 학습자가 아는지 등은 판가름하기 어렵고, 실험실습으로 해결해야 하는 문제는 더더욱 평가하기 어렵다.

이러한 평가방식은 유연성 있는 마인드를 갖는 것을 어렵게 만든다. 평가가 학습을 지원하기보다 평가 결과 점수만 도드라지게 한다.

세계의 영재들이 기량을 겨루는 국제물리올림피아드의 모든 문항은 서술형이다. 서술형 문항이 창의력과 사고력, 문제해결능력을 제대로 평가할 수 있다고 보기 때문이다.

스위스 제네바를 기반으로 설립된 교육 기관인 국제 바칼로레아는 전 세계 대학에서 인정해 주는 교육기관으로, IB(국제 표준 교육과정)를 도입하여 세계의 교육계에 영감을 주고 있다. 3살부터 19살까지 교육이 진행되는 이곳에서의 평가 역시 서술형과 논술형이다.

"국제 바칼로레아에서 실시하는 서술형 평가방식은 학생들의 잠재적인 능력을 끌어낸다"는 평가를 받고 있다. 서술형 평가는 학생들이 뭘 배우고 있는지 스스로 깨달을 수 있게 한다. 지식 자체에 관심을 갖게 하고, 실세계에서 지식이 어떻게 적용되는지를 발견하는 안목을 키울 수 있다. 또 서술형 평가는 다양한 답이 있음을 알게 한다.

교육과 학습에 있어 평가는 필요하다. 하지만 일률적이고 정량적인 평가보다는 학습자의 생각이 드러나고 학습자의 생각을 발전시킬 수 있는 평가가 되어야 한다.

2. 질문을 통해 생각의 유연성을 높여야 한다

답의 다양성을 수용할 수 있도록 돕는 또 하나의 방법은 질문을 통해 생각의 유연성을 높이는 것이다.

질문은 많은 생각을 하게 함으로써 생각을 유연하게 바꿔준다. 질문은 '과연 그럴까'라는 의문으로 나아가게 하고, '정말 그렇구나' 같은 탄성에까지 이르게 하는 힘이 있다.

세상에는 답을 할 수 없는 질문도 있고, 단번에 답을 찾을 수 없는 질문도 있으며, 여러 가지 답을 할 수 있는 질문도 있다. 이런 질문은 아이들의 생각을 말랑하게 바꾸어준다.

꼭 답이 있는 질문일 필요는 없다. 세계적으로 선풍을 일으킨 《호모사피엔스》에서 유발 하라리는 "답을 얻을 수 없는 질문을 하는 것은 매우 중요하다"라고 강조한다. 그는 답을 얻을 수 없는 질문을 통해 상상력을 발휘하여 오래전 지구의 모습을 우리가 그려볼 수 있게 해주었다.

학습에서 답보다 질문에 중심을 둔다면 학업의 현장은 훨씬 다채로워질 것이다. 아이들에게 답을 요구하는 대신 질문을 하게 하거나 문제를 출제하게 하면 문제에 훨씬 입체적으로 접근할 수 있다. 답을 할 수 없는 질문을 생각해 보라는 것도 방법일 것이고, 수백 가지 답을 할 수 있는 질문은 무엇인지 물어보는 것도 사고 유연함을 맛볼 수 있는 기회를 줄 것이다.

실패를 대하는 태도가 차이를 만든다

실패는 두려움의 대상이 아니라 성공으로 가는 과정

10월 13일은 핀란드 사람들에게 특별한 날이다. 이름하여 '실패의 날'로 정하고 각종 실패에서 얻은 경험이나 실패를 통해 얻은 교훈을 서로 공유한다. 실패에 대한 두려움을 극복하도록 서로를 격려하고, 실패를 축하하고, 실패해도 괜찮다는 메시지를 전한다.

이 같은 실패의 날 행사를 통해 실패에 대한 인식이 바뀌기 시작했다. 실패는 두려움의 대상이 아니라 성공으로 가는 과정이라는 인식이 생기기 시작한 것이다. 핀란드가 교육 강국이 된 배경엔 이러한 노력이 있다고 생각한다.

성공은 여러 번의 실패를 하고 나서 가능하다. 그러니 실패란 '성공으로 가기 위한 다양한 배움과 훈련의 과정'이라 바꿔 말할 수 있다.

실패를 대하는 태도가 차이를 만든다

과학창의재단에서 주관하는 과학 실험 프로그램을 운영해보면 과학에 흥미 있는 친구들을 많이 만날 수 있다.

과학 실험이라는 것이 가설을 정하고, 실험을 진행하고, 실험 후의 결과를 분석하여 실험이 갖는 의미를 파악하며, 이를 어떻게 적용하고 응용할 수 있는지 등에 대한 수많은 생각과 토론이 오가는 자리다.

실험은 약간의 변수만 생겨도 예상치 못한 일들이 발생한다. 실수로 용액을 잘못 섞어도 전혀 다른 결과가 나오고, 모든 조건을 정확히 했는데도 이상한 결과가 나와서 골머리를 썩이기도 한다.

운 좋게 한 번의 실험으로 만족할 만한 결과가 나와 쾌재를 부르는 아이들도 있지만 그런 경우는 거의 없다. 대부분 시행착오를 거치는데, 실험에 실패했을 때 이를 대하는 태도에 따라 결과물의 정도가 달라지는 것을 보게 된다.

일단 잘못된 결과가 나오면 모두가 한숨을 푹푹 쉰다. 집에 빨리 못 간다는 것을 의미하기 때문이다. 하지만 실패를 대하는 태도에 따라 이후 실험의 질이 달라진다.

실험 결과가 잘못됐을 때 '뭐가 잘못되었는지'가 아닌 '누가 잘못했는지'에 집중하는 모둠은 별다른 개선책을 발견하지 못한 채 두 번째 실험으로 이어진다. 반면 '무엇이 잘못되었는지'에 집중하고 토론하는 그룹은 제법 빠르고 정확하게 다음 실험으로 이어간다. 그 후에 찾아오는 또 다른 실패, 그 실패가 누적될수록 두 그룹의 격차는 더 커진다.

이를 회복탄력성의 격차라 부를 수 있다. 실패를 통해 회복으로 돌아올 수 있는 회복탄력성은 누구나 가지고 있는 건 아니다. 그러나 누구나 배울 수는 있다. 의외로 많은 아이가 실패에 대한 대처가 서툴러 더 나아갈 기회를 잃어버리는 경우가 많다.

실패는 다양한 기회 중 하나다

실패 경험은 어떻게 대처하느냐에 따라 성장을 위한 큰 동력이 될 수 있다.

실패는 다양한 감정을 맛볼 수 있게 해준다. 실패의 원인을 찾는 과정에서 사고력을 높일 수 있다. 실패를 만회할 방법을 찾다

보면 창의력이 높아지고 발휘된다. 실패를 극복하기 위해서는 때로 협업 체계도 필요한데, 이런 협업 체계를 만들다 보면 협업 능력도 향상된다.

공부에서도 그렇다. 여러 번의 실수, 여러 번의 시행착오 이후에 공부가 깊어지고, 새로운 지식을 창출하는 방법에 더 가까이 갈 수 있다.

몇몇 사회과학자들이 실패를 극복하고 성공한 사람들의 비결을 연구했다.[26] 연구자들은 그들에게서 뚜렷한 한 가지 공통점을 발견했는데, 바로 '자신의 실패를 인정했다'는 점이다. 실패를 인정한 그들은 실패의 경험에서 교훈을 얻고 다시 나아갈 수 있는 힘을 얻었다. 반면 실패를 극복하지 못한 사람들은 '자신의 실수를 인정하지 않는 경우가 많았다'고 한다.

또한 실패를 잘 극복하는 사람들은 "자신의 실패를 받아들이고, 자신이 상황을 바꿀 수 있다고 믿는다"고 한다. 상황을 바꾸기 위해서 그들은 창의적인 해결책을 찾으려 애쓰고, 다른 협업 체계를 마련하는 등의 적극적인 해법을 찾는다. 다시 말해 실패를 기회의 하나로 여기고 또 다른 기회를 적극적으로 찾아 나선다는 의미다.

---

26 《최고의 공부》, 켄 베인, 와이즈베리.

좀 진부한 예지만 에디슨의 이야기를 빼놓을 수 없다. 그는 "성공 전 2,000번의 도전은 실패가 아니라 전구를 완성하기 위한 과정이었다"고 말했다. 이런 마인드가 발명왕 에디슨을 만들었음에 틀림없다.

마이크로소프트 빌 게이츠는 실패 기업에 몸담았던 사람을 의도적으로 채용했고, 미국항공우주국(NASA)에서는 우주비행사를 채용할 때 실패 경험이 없는 사람은 채용하지 않는다고 한다.

이것은 실패를 실패로 보지 않고 실패를 다양한 경험의 하나로, 또 다른 창의적인 시도를 이어갈 발판으로 본다는 의미일 것이다.

이는 학습 환경에서도 마찬가지다. 아이들은 학업 현장에서 좌절을 느끼기도 하고 실패를 경험하기도 한다. 학교 프로젝트나 시험을 자주 망친다. 이때가 중요하다. 원하는 결과가 나오지 않았을 때 어떻게 대처하느냐가 중요하다.

이때 어떤 학생들은 학원을 바꿔 문제를 해결하려고 한다. 이 학생들이 문제를 해결할 수 있을까? 아마 이후에도 학원을 전전할 가능성이 크다. 무엇을 잘했고 무엇을 잘못했는지를 분석하여 개선책을 찾아야 하는데, 이런 분석 없이 학원(환경)만 바꾼다면 근본적인 문제에 대한 개선의 기회를 놓치게 될 것이다.

실패는 실패가 아닌 도전의 기회라는 인식을 하도록 도와주어야 한다. 한번 넘어졌다고 해서 주저앉아 있을 게 아니라 다시 일어나 또 다른 기회를 향해 나아갈 수 있도록 도울 때, 아이들은 세상엔 다양한 기회가 있음을 알게 되고 또 다른 기회를 향해 나아할 것이다.

8장

융합
소통하고 협력하고 융합할 수 있는가

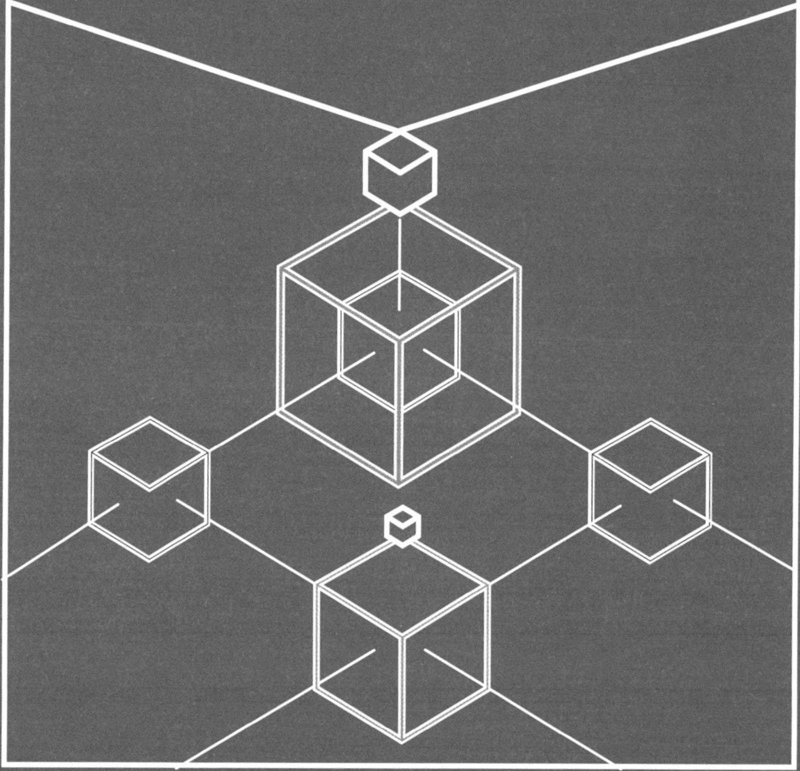

창의융합형 과학실처럼 수업 중에 협업을 자연스럽게 경험하고 협업 능력을 높일 수 있도록 하는 방법을 많이 만들어 내야 한다. 미래 사회의 일은 엄청나게 복잡해진다. 문제해결을 위해서 협업을 할 수밖에 없다. 협업은 미래 사회의 필수 역량이다.

협업은 미래 사회의 필수 역량이다

위기를 넘어서는 힘은 협력에서 나온다

코로나19 여파로 학교 교육도 많은 어려움을 겪었다. 비대면 수업이라는 초유의 사태를 맞아 교사도 학생도 학부모도 소위 멘붕이 와서 갈피를 잡지 못하기도 했지만, 시간이 지나면서 한 번도 경험하지 못한 상황을 힘을 모아 헤쳐나가고 있는 모습을 보게 된다.

위기를 넘어서는 힘은 협력에서 나온다. EBS 〈슬기로운 학교생활〉[27]에서 소개한 교사공동체의 사례는 위기를 극복하는 힘은

27 EBS 〈슬기로운 학교생활 3부 -교육을 바꾸는 같이의 가치 교사공동체〉 참고.

결국 사람의 '협력'이란 점을 알게 해준다.

그 다큐멘터리에는 교사들이 공동으로 수업을 연구하고, 자신들의 사례를 공유하고, 피드백을 주고받으며 처음 시도하는 온라인 수업이 점점 안정을 찾아간 이야기가 나온다.

한 초등학교 교사들은 1학년부터 6학년까지 학년별로 '교실마실'이라는 교사공동체를 운영하여 공동으로 수업 연구를 진행했다. 또 다른 학교의 교사공동체에서는 공동 수업 연구에 그치지 않고 온라인 수업에 맞게 교과과정을 재정비하는 작업으로까지 발전시켜 나갔다. 협력을 통해서 말이다.

〈포브스〉가 팀워크를 최우선 역량으로 뽑은 이유

'아이들은 어떻게 배우는가'에 대해 오랫동안 연구한 골린 코프 교수와 허시-파섹 교수는 그들의 저서《최고의 교육》에서 협력, 의사소통, 콘텐츠, 비판적 사고, 창의적 혁신, 자신감 등의 여섯 가지를 미래 사회에 가장 필요한 역량으로 꼽았다. 이들 여섯 가지 역량 가운데 그들이 꼽은 첫 번째는 협력이다. 그들이 협력을 첫 번째의 역량으로 꼽은 이유는 하나다. 앞으로 어떤 직업에서든 협력이 가장 필요한 역량이 될 거라 보았기 때문이다. 미국의 경제잡지 〈포브스〉에서도 사회에서 성공하기 위해 필요한 능력으로 '팀워크'를 최우선으로 꼽았다.

비대면사회로의 전환이 급격하게 이루어지고 있는 이때에 아이러니하게도 협력이 최우선 능력으로 꼽힌 이유는 무엇일까.

그것은 우리 사회가 해결해야 할 문제가 갈수록 복잡해지고 있기 때문이다. 문제의 복잡성과 이에 따른 문제 해결의 어려움의 정도는 갈수록 더 커질 것이다. 혼자서 해결할 수 없는 문제가 갈수록 많아지고 있으니 '협력', '팀워크'가 강조될 수밖에 없다.

혼자서 ⋯› 나란히 ⋯› 주고받기 ⋯› 함께 만들기

아이들이 협력을 배우는 단계는 4단계다. '혼자서 ⋯› 나란히⋯› 주고받기 ⋯› 함께 만들기' 순이다. 학교생활을 하면서 이런 과정(협력)을 경험할 기회는 많다. 학교라는 공동의 공간에서 자연스럽게 협력을 배울 수 있고, 학업에서도 협력을 강조하고 있다. 공교육에서 많이 이루어지고 있는 모둠 활동은 협력의 과정을 실제로 경험할 수 있는 좋은 시간이다.

과학창의재단에서는 창의적 인재를 육성하기 위한 여러 프로그램을 개발 운영하고 있는데, 그중 하나가 '창의융합형 과학실' 이다. 창의융합형 과학실은 협력을 배우고 경험하도록 하는 모듈형 공간으로, 교사가 교탁 앞에 서고 학생들이 모두 선생님을 바라보는 보통의 교실 구조와 다르다. 창의융합형 과학실은 학생들이 모둠 활동을 통해 프로젝트를 할 수 있는 공간으로 구조화시킨 것이 특징이다.

창의융합형 과학실은 활동 목표에 따라 전시공간, 발표공간, 학습공간, 창작공간, 실험공간, 토론공간 등으로 나눠진다. 창의융합형 과학실의 모든 공간은 협업할 수 있도록 설계되어 있고, 학생들은 자연스럽게 협업을 경험할 수 있다. 또한 프로젝트 상황에 따라 공간에 변화를 줄 수 있으며, 학생들은 저마다 다른 방식으로 협업을 경험하며 배울 수 있다.

창의융합형 과학실 모델

(출처: 〈2018 창의융합형 과학실 구축 운영 가이드 및 우수사례집〉)

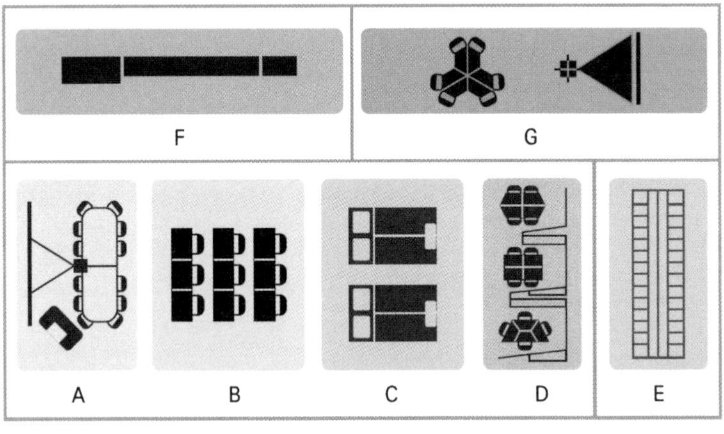

A: 발표공간 B: 학습공간 C: 실험공간 D: 토론공간 E: 준비공간 F: 전시공간 G: 창작공간

직접 생각하고 조사하면서 수업시간에 깨어 있는 느낌이 들었어요

교사들에게 창의융합형 과학실을 운영하면서 가장 긍정적인 변화가 무엇인지 물었다. 교사들은 새로운 환경에서 스스로 적응하고 변화하려는 다양한 시도와 이를 통해 학생들을 이끈 점을 꼽았다. 바뀐 환경에서 교사는 스마트 기기와 각종 교구를 다루며 미래형 수업을 체험했고, 학생들은 수업에 자발적으로 참여하고 서로 협력했다.

"각 영역에서 이루어지는 활동은 모두 학생 참여형 수업을 지향하고 있고, 모두 하나의 주제와 목표를 향해 나아갑니다. 스마트 기기와 각종 교구를 다루며 협력하며 공부하는 아이들의 모습을 보면 미래의 교육이 이곳에 이미 와 있는 듯합니다."[28]

수업에 참여한 학생들의 반응도 긍정적이었다. "자발적인 분위기에서 친구들과의 협력을 통해 학업의 재미를 느꼈다"는 학생들의 소감에서 우리 교육이 가야 할 길을 조금이라도 본 것 같아 긍정적이고 희망적이다.

28 〈2018 창의융합형 과학실 구축 운영 가이드 및 우수사례집〉

"나는 원래 과학이 그저 그랬다. 왜 배우는지도 몰랐다. 하지만 지루하고 반복적인 수업에서 벗어나 직접 생각하고 조사하면서 수업시간에 깨어 있는 느낌이 들었다."[29]

"직접 참여하니 수업이 지루하지 않고 내용이 더 잘 이해되었다. 친구들과 모둠 활동을 통해 더 친해질 수 있었다."[30]

창의융합형 과학실처럼 수업 중에 협업을 자연스럽게 경험하고 협업 능력을 높일 수 있도록 하는 방법을 많이 만들어내야 한다. 미래 사회의 일은 엄청나게 복잡해진다. 문제해결을 위해서 협업을 할 수밖에 없다. 협업은 미래 사회의 필수 역량이다.

협력의 재미와 의미를 깨닫도록 해줘야

그렇다면 어떻게 우리 아이들이 더 잘 협력하게 할 수 있을까. 태어날 때부터 저절로 협력 역량이 생기는 것이 아니다. 사회화 과정에서 협력하는 법을 자연스럽게 익히는 것이기에, 부모나 교사는 가정과 학교의 여러 활동에서 협력의 재미와 의미를 깨닫도록 해줘야 한다.

29, 30 〈2018 창의융합형 과학실 구축 운영 가이드 및 우수사례집〉

아이들은 가족의 구성원으로서 생활 속에서 협력을 경험한다. 또한 또래 친구들과의 놀이, 유치원이나 작은 공동체에서 사람과의 관계를 맺으며 협력을 배운다. 이후 학교라는 공동체에서는 협력을 구체화하며 살아간다.

특히 학교에서 진행되는 협력 프로젝트를 잘 활용하는 게 중요하다. 학생들은 프로젝트를 같이하면서 팀원이나 프로젝트 리더의 역할을 경험하며 자연스럽게 협력하는 법을 배울 수 있다. 문제에 다각적으로 접근해서 해결책을 찾아가는 프로젝트 수업에서 효과적으로 협업 능력을 배울 수 있다.

세상은 점점 복잡해지고 있다. 우리가 풀어야 할 문제 역시 다양한 문제들이 뒤엉켜 있을 가능성이 크다. 다양하게 뒤엉킨 문제를 해결하기 위해서는 여러 사람의 생각과 힘을 모으는 협업이 필수이다. 협업 역량이 그 어떤 역량보다 중요해지는 시대가 오고 있다. 협업은 미래 사회의 필수 역량이다.

초연결시대, 의사소통은 기본수단이다

'함께'와 '소통'은 같이 붙어다니는 것이다

과학창의재단에서는 창의융합형 인재를 양성하기 위해 다양한 작업을 수행한다. 각국의 좋은 교육제도를 검토하여 우리 교육 현장에 적용할 부분은 없는지를 찾아 적용하는 일도 그중 하나이다. 이를 위해 다양한 포럼, 컨퍼런스 등을 진행하기도 하는데, 한번은 세계적으로 알려진 '교실 속의 스미소니언' 프로그램을 한국에서 진행했다.

그날의 주제는 '새'였다. 모둠별로 나누어 자리에 앉으니 각각의 테이블 위에는 '기념주화에 새가 들어간 주화 사진', '새 깃털이 장식으로 사용된 물건이 들어간 사진' 등 다양한 새 사진이 놓여 있었다. 선생님은 테이블 위에 놓인 새 사진을 보고 새의 특징을 카드에 적어 제출하라는 과제를 주었다. 각 모둠은 테이블 위에 놓여 있는 새 사진을 보며 새의 특징을 살펴보고 토론을 한 뒤 새의 특징을 각자의 카드에 적은 뒤 제출했다.

"부리는 크고 노란색이다."
"깃털은 길고 붉은색이다."
"몸집은 크지만 발은 짧다."

이런 식의 설명이 적힌 카드를 주머니에 모은 후, 선생님의 설명이 이어졌다.

"자, 이 주머니에는 여러분이 제출한 카드가 담겨 있습니다. 지금부터 마구 섞겠습니다."

그러고 나서 선생님은 모둠별로 섞은 카드를 나눠준 후 카드에 적힌 내용만 보고 새 사진을 찾도록 하였다.

교실은 순식간에 술래잡기를 하는 소란스럽고 재미난 공간으로 변했다. 카드 정보만 보고 정확히 새 사진을 찾은 사람도 있었고, 전혀 감을 잡지 못하고 이리저리 헤매는 사람도 있었다.

카드 정보에 의지해 정확하게 사진을 찾으면 "야호" 같은 탄성이 터져 나오기도 했다. '의도가 정확히 전달되었다는 기쁨'과 '상대의 의도를 정확히 파악했다는 희열'이 부딪히며 나오는 탄성이었다. 아쉽게도 내가 적어낸 카드는 정답 매칭에 성공하지 못했다.

숨바꼭질 같은 한바탕 재미난 소란이 정리된 후 선생님은 의사소통이 잘 되었는지를 물으면서, "의사소통의 의미와 기술을 배울 수 있는 프로그램"이라는 설명을 덧붙였다.

이 프로그램을 경험하면서 나는 여러 생각이 들었다. 딴에는 특징을 잘 짚어낸 설명이었다고 생각했는데, 받아들이는 입장에선 그게 아니었다. 소통은 상대방의 입장을 고려해야 한다는 것을 다시 배운 시간이었다.

미래 사회의 필수 역량인 융합 역량은 '함께'에서 시작한다. 함께는 나 혼자가 아니라 상대방, 또는 다수가 함께한다는 전제가 있다. 그 속에서 기본적으로 필요한 자세는 '소통하려는 자세'이다.

모든 것이 연결된 시대에 의사소통은 의도를 정확히 전달하고 확실하게 파악할 수 있는 기본수단이다.

놀이를 통해 자연스럽게 의사소통 능력을 키우기

미래의 인재에게 요구되는 의사소통력을 기르기 위해 아이들에게 해야 할 것은 어려서부터 효과적으로 커뮤니케이션할 수 있도록 하는 환경에 노출시키는 것이다. 효과적으로 의사를 전달하고 소통하기 위해서는 먼저 잘 듣는 것이 필요하다. 상대의 말을 잘 들었을 때 자신의 생각을 제대로 전달할 수 있다.

아이들은 의사전달이 원활하지 않으면 말하지 않으려고 한다. 이때 가장 좋은 방법은 놀이를 통해 자연스럽게 의사소통 능력을 키우는 것이다.

예컨대 앞에서 소개한 게임(두 명이 짝을 이루어 그림을 그린 뒤, 두 그림이 같아지는 방법을 찾아 의견을 교환하는 게임, 본문 81쪽 참고)은 자연스럽게 의사소통 능력을 키울 수 있는 좋은 예이다. 이 같은 놀이를 통해서 아이들은 자연스럽게 자신의 생각을 표현하고 전달하며 의사소통 능력을 키울 수 있다.

또한 어려서부터 다른 사람 앞에서 자신의 생각을 이야기하는 기회를 자주 갖는 것도 필요하다.

사람 앞에서 이야기한다는 것은 용기가 필요한 일이다. 아이마다 성향이 다르다는 것을 이해해야 하고, 외향적인 사람이 말을 잘할 거라고 착각하지 않아야 한다. 누구나 자신의 의견을 전달하는 데에 용기가 필요하고 연습이 필요하다. 자신의 이야기를 할 기회를 마련하고, 기회가 왔을 때 편하게 이야기할 수 있도록 용기를 북돋워주며, 이야기하고 난 뒤에는 격려를 해주어야 한다.

리얼리티 프로그램으로 의사소통력 강화하기

《교실이 없는 시대가 온다》의 저자 존 카우치는 현재의 교육은 대본이 있는 텔레비전 프로그램과 비슷하다고 지적한다. 교사는 감독이고 학생은 배우다. 감독(교사)은 정해진 대본인 교과서대로 배우(학생)를 이끈다. 이때 배우는 배움에 있어서 창의적일 필요가 없다.

그러나 세상이 달라지고 있다. 1년 후를 예상하기 어려울 만큼 변화의 속도가 가파르다. 변수도 많다. 정해진 대본대로 흘러가지 않는 시대에 존 카우치가 제안하는 교육은 '리얼리티 프로그램'이다. 대본이 없고 실제 참가자가 있으며, 감독은 상황을 제어하기보다는 가이드가 되어 흥미로운 상황을 제시하는 리얼리티 프로그램 말이다.

리얼리티 프로그램의 배우가 된 학생들은 리얼리티 쇼의 주인공이 되어 참가자들과 함께 여러 시도를 하고, 그러면서 배우고 과제를 해결해간다. 정해진 대본을 외우는 것이 아닌, 상황을 흥미롭고 생동감 있는 현장으로 만들어가며, 무엇보다 스스로 대사를 말하도록 기회를 준다.

나는 존 카우치의 의견에 귀 기울일 필요가 있다고 생각한다. 의사소통력은 실제와 같이 자연스럽고 변수가 많은 상황에서 강화될 수 있는 것이기 때문이다.

꼭 리얼리티 프로그램처럼 하지 않더라도 아이들이 거리낌 없이 의견을 주고받는 자연스러운 환경에 자주 노출되는 것이 필요하다. 또한 대본 없이 대사를 만들어내는 리얼리티 프로그램 참가자처럼 교육 현장에서 의사를 자유롭게 표현할 수 있도록 하는 환경이 만들어져야 한다.

결과물을 만드는 과정에서 즐거움을 느껴야 한다

나에게 딸이 둘 있다. 둘째 아이가 수학·과학 쪽에 관심이 많아 이과에서 공부하다가 대학 전공을 정할 시기가 되었다. 아이는 어떤 쪽으로 가야 할지 고민이 되었는지 나에게 조언을 구했다. 아이의 관심 분야는 소프트웨어 쪽이었다.

지금이야 소프트웨어 분야가 무척 뜨겁지만, 그때만 해도 이 정도는 아니었다. 게다가 직간접적으로 듣고 보아온 '소프트웨어 개발'이라는 직업이 안정적이지도, 또 비전 있어 보이지도 않았다. 그래서 소프트웨어 분야에서 보고 느낀 바를 사실대로 말해주었다. 그러면서 순수과학 쪽보다는 좀 더 창조적이며 활용도가 높은 건축공학 분야가 어떻겠냐 했더니 아이도 순순히 받아들였다. 물론 엄마는 거들뿐 선택은 너의 몫이라는 말도 빼놓지 않았다.

지금도 그렇게 생각하지만, 고등학생이 진로를 정하고 전공을 선택하는 건 매우 어려운 일이라고 생각한다. 아이들이 자신의 적성을 고려하여 진로를 선택하는 것이 쉬운 일만은 아니다.

어쨌든 둘째는 엄마의 조언을 받아들여 건축공학을 공부했다. 대학 졸업 후에는 전공을 살려 사회에 진출했다. 안정된 직장에서 전공을 살리겠거니 했는데, 어느 날 아이는 회사를 그만두고 소프트웨어를 공부하겠다고 선언했다. 원래 아이의 생각대로 대학에서 소프트웨어를 전공했다면 하는 아쉬움도 있었지만, 아이의 선택을 존중하고 의견을 지지해주었다.

전공을 바꿔 다른 길을 걷는 건 서로 다른 두 벡터가 면적을 만들어내듯 완전히 새로운 결과를 만들어내는 일이라고 생각한다. 스티브 잡스는 "돌아보면 점들이 연결되어 자신을 만들어가지만 그걸 미리 내다 볼 수는 없다"고 말했다. 언젠가는 대학 때 공부한 분야와 새롭게 시작하는 공부가 연결되어 혼자만의 독창적인 분야를 이루게 될 것이다.

남들과는 다른 길을 걸어간 과정은 무엇으로도 바꿀 수 없는 소중한 경험이며, 선택과 또 하나의 선택 사이를 걷는 시간은 그것 자체로 삶의 자양분이다.

과정의 즐거움을 느낄 줄 알아야 한다

"한 우물만 파라"는 말이 경전처럼 여겨질 때도 있었다. 물론 한 우물을 잘 파는 일은 여전히 소중하다. 하지만 앞으로의 시대는 갈수록 이것과 저것을 연결하는 융합이 더 필요해질 것이다. 우리 앞에 놓인 문제는 다양한 분야의 협업을 요구하고 있다. 또 기술의 발달로 전혀 다른 분야의 융합이 가능해졌다.

여러 우물을 깊게 파서 그 우물을 하나의 물줄기로 이어 강줄기를 만들어야 하는 시대다. 각 분야의 전문가들이 협업해서 가장 창의적이고 가치 있는 결과물을 만들어내는 게 필요하다. 그러려면 우물을 파는 과정의 즐거움을 느낄 줄 알아야 한다. 결과물에 초점을 맞추면 과정을 즐길 수 없다.

그러나 안타깝게도 결과물에만 초점을 맞추는 경우가 많다.

학급에서는 모둠 활동으로 다양한 프로젝트를 한다. 협력을 중시한다는 취지로 모둠 프로젝트를 하지만 진정한 협력이 이루어지지 않는 경우도 있다. 또 결과물로 성취도를 평가하다 보니 결과물을 만들어내는 과정이 아쉬운 경우도 자주 생긴다.

예를 들어 동아리별로 모둠을 만들어 진행하는 프로젝트를 보자. 먼저 팀이 짜이면 역할을 분담하고 프로젝트를 시작한다. 모두가 자신의 역할을 갖고 처음부터 끝까지 참여하여 함께 배우는 게 프로젝트의 목적이다. 그런데 많은 경우 각자의 몫을 따로 진행하고 한 사람이 모든 것을 취합해서 결과를 만들어낸다. 각자 맡은 부분을 진행하면서 느낀 바를 토론하고 의견을 조율하는 과정이 쏙 빠진 채 프로젝트가 진행되는 것이다. 진행 과정에서 융합, 협업, 의사소통 등을 배우자는 프로젝트 수업 본연의 의미는 사라질 수밖에 없다.

과정이 즐거울 때
결과는 당연히 따라온다

MIT 미디어랩(미국 매사추세츠공과대학 내에 있는 세계적인 미디어융합 기술연구소)에서는 지난 30년간 '창의적 인재는 어떻게 탄생하는가'를 연구했다. 연구소는 마침내 창의적 인재의 탄생에 필요한 4요소를 밝혀냈는데, 네 가지 요소란 '프로젝트', '열정', '동료', '놀이'이다.

창의적인 아이로 성장시키기 위해서 부모와 교사는 열정을 기반으로 한 프로젝트를 제공해야 한다. 프로젝트는 앞의 네 가지 요소가 반영된, 즉 친구와 함께 협력하고 놀이처럼 수행하는 프로젝트이다.

이를 반영하여 미디어랩에서는 직접 개설한 '스크래치 사이트'

를 통해 다양한 프로젝트를 진행한다. 이 사이트에서는 애니메이션, 게임, 음악 등을 만들 수 있으며, 전 세계 어린이들이 매일 3만 개 이상의 프로젝트를 진행하고 공유한다. 친구들과 신나게 놀면서 열정을 다해 창의적 결과물을 만들어 공유하는 것이다.

미디어랩은 아이들이 프로젝트를 즐겁게 진행하면서 코딩 등도 쉽게 받아들이고 배운다는 것을 발견했다. 뭔가를 이루겠다는 부담감 없이 친구들과 즐기면서 창의적 결과물을 만들고 그 과정에서 아이들은 자연스럽게 배우는 것이다.

과정의 즐거움을 경험하게 하는 힌트가 여기 있다고 생각한다. 동료와 함께 놀이처럼 즐기되 열정을 쏟을 수 있는 프로젝트를 경험하게 하는 것이다.

아이들이 과정을 즐기도록 하기 위해 또 하나 중요한 것은 '과정에 대한 의미를 알려주는 것'이다. 나의 둘째가 한 방향 전환은 두 가지 분야를 융합할 수 있는 저력을 갖추는 과정이기도 하다. 이런 점을 제대로 이해하는 것이 중요하다. 이처럼 아이들로 하여금 과정을 즐기게 하려면, 결과를 만들어가는 과정에 의미가 있음을 이해하게 해야 한다.

여럿이 함께하는 프로젝트를 체험하는 과정에서의 기쁨은 아이들에게 매우 깊은 인상을 남긴다. MIT 미디어랩에서 시도했던 것처럼 친구와 함께 놀이처럼 하는 프로젝트, 열정을 뿜어낼 수 있는 프로젝트에 참여하여 자연스럽게 배움이 일어났던 것처럼, 과정이 즐거우면 결과는 당연히 따라온다.

과학 프로젝트를 활용하여 융합 역량 높이기

요즘 초·중·고등학교 수업은 프로젝트가 많다. 가르친다고 아이들이 다 배워내는 것은 아니다. 가르치는 것보다 학생 스스로 배우는 것이 중요하다. '프로젝트 학습'은 진정한 배움을 실천하기 위해 만든 활동이다.

프로젝트 학습은 '학습자 스스로 의미 있는 주제를 선정하고 학습 계획을 세워, 다양한 자료 및 현장 체험과 실험을 통해 깊이 있게 학습한 뒤에, 그 결과를 다양한 방법으로 표현하고 실천까지 연결시키는 활동'이다.

프로젝트 학습의 강점은 '학습자 주도로 다양한 시도를 통해 융합을 경험할 수 있다는 것'이다. 프로젝트 학습은 상호협력 속에서 소통과 참여를 경험할 수 있는 의미 있는 활동이다.

프로젝트 학습은 배움의 질을 높여준다. 특히 과학 관련 프로젝트의 경우 탐구하는 방법, 과학 하는 방법을 체계적으로 배울 수 있다. 또한 협업과 관계의 중요성 그리고 책임감도 배울 수 있다.

과학 프로젝트 중에는 R&E(Research & Education)라고 부르는 활동이 있는데, 과학창의재단이 지원하는 사업으로 'STEAM R&E', '과학고·영재고 대상의 R&E', '청소년 과학탐구동아리', '과학사다리 프로젝트' 등이 있다.

실험을 공유하면서 행복감을 느끼다

과학사다리 프로젝트에 참여한 한 학생의 사례는 프로젝트 학습이 어떤 활동인지 잘 보여준다.

워낙 학생들의 꿈과 진로는 자주 바뀌고 또 그게 당연한 일이지만, 그 학생은 유독 하고 싶은 일이 없는 모호한 상태여서 스스로 고민이 많았다고 한다. 그런데 사다리 프로젝트를 기획하고 진행하면서 자신이 과학에 대해 관심이 많고 재미있어 한다는 사실을 발견했다.

"사다리 프로젝트는 한정될 수밖에 없었던 실험 활동의 폭을 넓혀주었고, 다양한 과학 체험을 통해 즐거움을 주었어요. 그동안 하고 싶었던 실험을 하니 시간 가는 줄 몰랐고, 실험했던 과정과 결과를 설명하고 다른 친구들과 공유하면서 그동안 느껴보지 못했던 행복한 감정을 느꼈어요. 저의 실험 말고도 다른 친구의 실험 과정과 결과를 살펴보면서 세상에는 정말 궁금한 것이 끝이 없고, 알아내야하는 것들이 많다는 것을 깨달았습니다. 사다리 프로젝트는 저의 꿈에 한 걸음 다가가는 계기가 되었습니다."[31]

프로젝트를 하면서 대학 연구실을 방문할 때는 연구원이 된 것 같은 기분을 느꼈고, 친구들의 실험 과정과 결과를 자신의 것과 비교 분석하면서 탐구하는 즐거움을 느꼈다고 한다. 특히 한 가지 주제를 가지고 각기 다른 방법으로 실험하는 것을 보고, 그것들을 융합하여 새로운 결과를 내볼 것을 제안하기도 했다고 한다.

프로젝트 학습은 여럿이 참여하는 과정이기에 협업과 소통을 배우게 해준다. 함께하는 이들을 이해하고 모둠에서 자신이 맡은 것을 수행하며 책임감도 배울 수 있다. 그를 통해 융합의 기초적인 힘을 기를 수 있고, 문제를 해결해 가는 능력을 키울 수 있다.

아이들은 프로젝트를 하면서 협업을 배우고, 관계를 배운다. 스스로 새로운 프로젝트를 설계하고 실행해가면서 책임감을 배운다. 대학과 기업, 연구소에서 실제로 하고 있는 연구를 접함으로

---

31 〈2018 사다리 프로젝트 우수사례집〉 참고.

써 진로에 대한 생각이 자라고, 진로가 구체화된다.

아이들에게 프로젝트를 할 수 있는 기회를 찾아 안내하고 참여하도록 해보자. 교과서만으로 하는 공부가 다인 시대는 지났다. 아이들은 스스로 주도하고 함께하는 프로젝트를 통해 미래에 필요한 역량을 배우고 익힐 수 있다.

과학창의재단에서 추천하는 프로젝트

- **청소년탐구동아리 지원** : 초·중·고 과학 동아리의 탐구 활동을 지원한다. 5명 내외로 동아리를 구성해서 인터넷에서 신청하면 된다. 심화연구 부분은 2~3명으로 동아리를 구성한다. 지원연구단을 꾸려서 탐구 활동을 컨설팅하고 지원한다.

- **청소년과학탐구페어** : 예전에 탐구 대회로 운영하던 것을 경쟁을 지양하고 축제 형식으로 전환하고 있다. 지역에서 선발되어 올라온 학생들이 경합하기도 하고, 신청 받아서 하는 재미있는 활동도 많이 있다.

- **과학사다리프로젝트** : 과학에 대한 재능을 가진 청소년들이 과학기술인의 길로 갈 수 있도록 안내하는 프로젝트이다. 매년 공모한다.

- **STEAM R&E** : 융합형 과제 연구 프로젝트를 공모하는 프로그램이다. 학생과 교사가 팀을 꾸려서 응모할 수 있다. 융합적 사고력과 프로젝트를 경험할 수 있다.

I N T E R V I E W

집중 인터뷰 1

박사님, 어떻게 해야 수학·과학을 잘할 수 있습니까?

Q. 수학·과학은 이전에도 중요 과목이었습니다. 지금은 더 중요해진 것 같습니다.

4차 산업혁명 시대로 전환되고 기술 발전의 속도가 빨라지면서 논리와 과학기술의 언어인 수학이 더 중요해졌고, 과학기술 분야의 지식 이해와 활용도 중요성이 점점 더 커지고 있습니다. 실제로 인공지능, 자율주행, 5G 이동통신 등은 수학적인 개념과 지식이 집대성되어 반도체나 소프트웨어로 구현된 종합 응용시스템입니다. 그래서 초·중·고에서 수학·과학의 기초를 탄탄히 세우는 게 굉장히 중요해졌습니다.

Q. 수학·과학 과목이 사회 진출과도 많은 관련이 있는 것 같습니다.

취업과 관련해서 '문송합니다'라는 말이 있는데, 아시다시피 '문과여서 죄송합니다'를 줄인 말입니다. 요즘 다 취업이 어렵지만 문과 출신이 더 어려운 것은 사실이니까요. 이건 기업에서 수학·과학을 공부한 사람을 더 뽑는다는 걸 보여줍니다.

미국의 한 보고서도 "STEM 분야 졸업자들이 급여를 더 많이 받는다"고 적고 있습니다. STEM은 과학(Science), 기술(Technology), 공학(Engeneering), 수학(Mathmatics)이니까 우리로 치면 이공계 대학 전공자라고 보시면 됩니다.

예전에 기업에서 마케팅은 문과 전공자들의 영역이었습니다. 하지만 요즘은 이공계 전공자들이 많이 늘고 있다고 들었습니다. 첨단 기술 제품이 많아지면서 그런 제품의 마케팅에 관련 기술을 잘 이해하고 있는 이공계 전공자들이 필요해진 것이지요.

Q. 안타깝게도 수포자가 많은 것 또한 현실입니다.

2015년에 과학창의재단에서 만든 〈수학학습 성공경험 우수사례집〉의 글을 보면 학생이 겪는 어려움이 잘 나타나 있습니다.

"다른 공부도 어렵지만 수학은 더 어렵다. 나는 곱셈과 나눗셈이 잘 안 된다. 풀 때마다 답이 다르게 나왔다. 선생님께서 '너는 이런 쉬운 문제도 못 푸냐'고 할 때면 나는 정말 괴로웠고, 그 말 때문에 수학이 점점 더 싫고 두려워졌다."

"수학 공부를 열심히 하고 시험을 쳐도 성적이 좋게 나오지 않았다. 사소한 실수로 문제를 자꾸 틀리니까 공부하고 싶은 마음이 안 생긴다. 마음을 단단히 먹고 자리에 앉아도 문제집을 펼치면 풀기가 싫어졌다."

"어렸을 적부터 나는 계산 문제가 나오면 그럭저럭 잘 풀었지만, 이상하게 도형이나 그래프만 나오면 성적이 뚝 떨어졌다. 그저 직선이나 곡선으로 밖에 안 보이는데 이것을 분석하고 문제까지 풀려니 머리가 터질 지경이었다."

Q. 수포자가 많은 이유는 무엇인가요?

위의 사례를 보면 우선 학습에 대한 자신감이 없다는 게 보입니다. 이런 상태에서는 공부를 꾸준히 하기 힘들어요. 조금만 어려워져도 그 어려움을 넘어가기 어렵습니다. 쉽게 포기하게 되죠. 무엇보다 학습에 대한 자신감을 갖는 것이 중요합니다. 자신감을 가지려면 자신이 감당할 수 있는 정도의 작은 목표를 세우고 자꾸 성공 경험을 해보는 것이 중요합니다. 그러나 그런 경험이 없다 보니 자신감도 없고 자신에 대한 신뢰도 쌓기 어렵습니다.

Q. 수포자가 많은 이유가 성공 경험을 쌓지 못하고, 자신이 잘 배우는 사람이란 것에 대한 확신이 없어서인가요?

과학창의재단에서 수학을 좋아하는 이유와 싫어하는 이유를 조사한 보고서가 있는데요, 초등학생의 경우 수학을 좋아하는 이유는 '문제를 해결하고 나면 뿌듯해서', '재미있어서', '잘하는 과목이어서', '수학을 잘하면 더 똑똑해 보여서' 등이 있어요. 수학을 싫어하는 이유로는 '계산이 복잡해서', '내용이 어려워서', '생각하는 것이 귀찮아서' 등의 이유가 있

초등학교 학생의 수학을 좋아하거나 싫어하는 이유에 대한 조사 결과

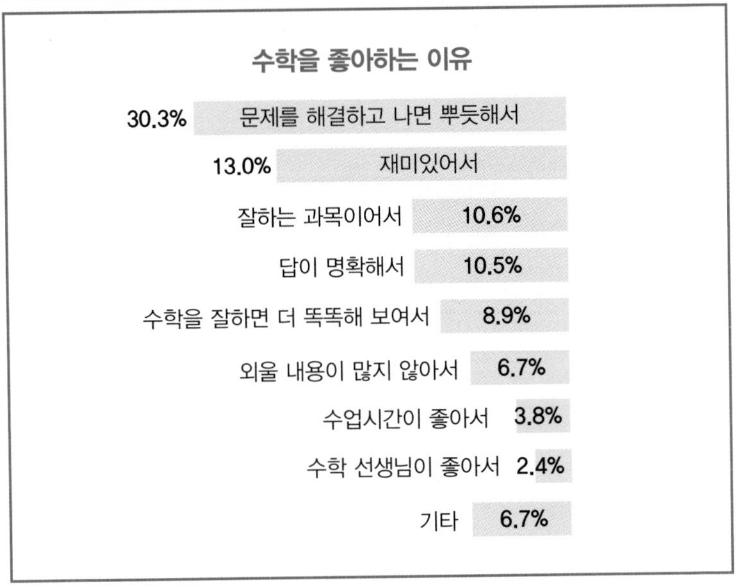

습니다.

수학을 좋아하고 잘 하는 학생들은 뿌듯해 하고, 수학에 재미를 느낍니다. 잘 하는 학생들이 걷는 길로 가게 하려면 일단 작은 성공을 해서 공부에 재미를 느껴야 합니다. 이걸 선순환 구조로 만드는 게 중요합니다.

Q. 그럼 어떻게 해야 수학·과학을 잘 할 수 있습니까?

학생들이 수학과 과학을 정말 잘 배울 수 있었으면 좋겠습니다.

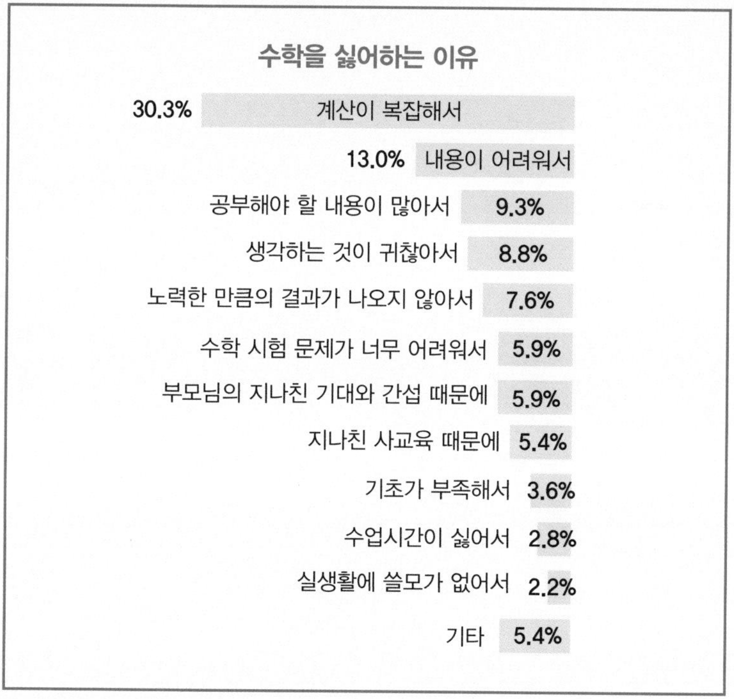

아이들이 잘 배우기 위해서는 아이들 스스로 내가 잘 배우는 사람이라는 걸 믿어야 합니다. 그럼 우리는 언제 '아, 내가 잘 배우는 사람이구나'라고 인식하게 될까요? 뭔가를 배우다가 내가 이해한 게 맞아떨어지는 경험을 하거나 주변에서 내가 잘한다고 칭찬해줄 때입니다. 우리는 이걸 '학습 자신감' 또는 '긍정 경험'이라고 부릅니다.

저는 아이들이 수학 · 과학에 대해 자신감을 맛보거나 긍정 경험을 하는 걸 굉장히 중요하게 생각합니다. '현재 내가 얼마만큼의 지식을 가지고 있느냐'보다 '나에 대한 믿음을 갖고 있느냐'가 훨씬 더 중요하지요.

부모님이 누구보다 아이의 특성을 잘 알고 있습니다. 아이가 작은 성공을

“

수학을 좋아하고 잘 하는 학생들은 문제를 해결하고 나서 뿌듯함과 재미를 느낍니다.
잘 하는 학생들이 걷는 길로 가게 하려면 일단 작은 성공을 해서 공부에 재미를 느껴야 합니다. 이걸 선순환 구조로 만드는 게 중요합니다.

”

I N T E R V I E W

쌓으며 긍정 경험을 하고, 이걸 선순환 구조로 만들 수 있도록 도와주세요.

Q. 과학창의재단에 학생들이 도움을 받을 수 있는 프로그램이 있습니까?

학생들의 수학에 대한 불안감을 해소하기 위한 '수학클리닉'이라는 프로그램이 있습니다. 또 '과학긍정경험지수'라는 걸 개발해서 그걸 높이는 방향을 찾는 연구도 진행하고 있습니다. 실제로 재단에서 지원하는 학교 학생들의 과학긍정경험지수가 높아졌고, 수포자 수는 줄었다는 보고가 있습니다.

Q. 초등 저학년 수학 · 과학 공부의 포인트는 무엇일까요?

수학·과학 공부를 좋아하게 하는 것이 포인트입니다. 수학을 잘 하는 학생치고 수학 공부를 싫어하는 학생이 거의 없습니다. 수학에 흥미를 가지게 하려면 그보다 더 어렸을 때 숫자 세기를 놀이 등으로 자연스럽게 익히게 하는 것부터 시작하기를 권합니다. 숫자에 대한 감각과 개념이 명확해지면 수학 공부를 하고, 연산을 배우는 데 재미를 느끼기 쉽습니다.
그런데 지금 아이들은 연산을 너무 많이 하고 있습니다. 그렇게 하면 질릴 수밖에 없습니다. 부모님들이 직접 푼다고 했을 때, 질리지 않고 즐겁게 할 수 있는 만큼, 그 정도면 충분합니다. '많이'가 중요한 것이 아니라, '질리지 않고 즐겁게'가 중요합니다. 특히 초등 저학년 때에는 아이들이 수학과 과학 공부를 좋아하도록 만드는 환경을 조성해주는 것이 중요합니다.

Q. 초등 고학년 수학·과학 공부의 포인트는 무엇일까요?

고학년으로 올라가면 공부에 사고력, 논리력 같은 게 좀 더 심화됩니다. 저학년 때에는 암산이나 아이만의 독특한 방식으로도 문제를 풀 수 있습니다. 그러나 고학년에 되면 수학 규칙에 따라 해결하는 게 더 낫고, 중학교에 가면 수학 규칙을 따라야만 해결이 되는 경우가 많아집니다.
그래서 고학년들은 수학 학습 습관이 잘 들도록 하는 게 포인트입니다. 학습 습관을 들여 수학 규칙을 꾸준히 익혀나가야 합니다. 위의 한 수포자 학생은 중학생인데도 곱셈과 나눗셈이 어려웠다고 토로하고 있어요. 그러면 더 공부하는 것이 어려워집니다. 어디까지 알고, 무얼 모르는지 명확히 알고 거기서부터 시작하는 것이 중요합니다. 그래야 아는 것 위에 모르는 것을 해결해서 쌓아 나갈 수 있습니다.

과학은 사물을 잘 관찰하고, 관찰한 내용을 점점 더 정교화해 나가는 게 핵심입니다. 내가 본 것, 내가 관찰한 것, 과학적 사실, 그 사실을 어떤 방식으로 알게 되었는지 논리적으로 따져 볼 수 있고, 이러한 과학적 지식들이 실제 세계에서 어디에서 쓰이는지 알 수 있으면 됩니다.
실제 세계의 문제를 하나 잡아서 해결하는 경험을 가지면 금상첨화지요. 이것이 바로 탐구 과정인데요, 과학은 제대로 된 탐구 경험이 중요하다고 생각합니다. 교과서에 있는 지식을 확인하는 차원의 실험이 아니라, 학생들이 직접 가설을 세우고 실험을 해보고 실험 결과를 해석해서 결론을 내는 경험 말입니다. 지식을 어떻게 생산하고 검증하는지 경험을 해보는 거지요.
과학창의재단에서 진행하고 있는 스팀 R&E(Research & Education), 사다리프로젝트, 청소년과학탐구동아리, 청소년과학탐구페어 등이 그런 경험을 늘리기 위한 프로젝트입니다.

Q. 끝으로 한 말씀 부탁드립니다.

수영을 할 때 바닥이 어디인지 한번 내려가 보면 물의 깊이에 대한 공포가 없어집니다. 과목마다 학문 분야마다 해야 되는 노력의 정도가 있는데, 바닥이 어디인지를 경험해보지 못하면 그 과목의 어려움에 대한 불안을 극복하지 못하고, 그래서 피하기가 쉽습니다. 그러나 한번 바닥을 경험해보면 그런 마음이 없어지고 어느 정도 노력하면 되는구나를 알게 되는 거지요.

어느 분야가 얼마만큼 발전할지 예측이 어려운 시대입니다. 할 수 있다고 자신을 믿고 도전하면 할 수 있습니다. 우리 학생들은 굉장히 똑똑하니까요. 이런 자신감과 믿음을 아이들이 갖는 것이 굉장히 중요해요.

집중 인터뷰 2

인공지능 교육 로드맵은 무엇입니까?

Q. 사회가 급변하고 있습니다.

지금 아이들의 학교 환경이나 집 환경이 부모 세대와는 많이 다릅니다. 아이들의 미래 일자리도, 그에 따른 필요한 역량도 달라지고 있습니다. 아이들은 '지니야, TV 틀어줘', '시리야, 오늘 날씨 어때?'를 말하고 들으며 자라고 있지요.

Q. 인공지능에 대한 관심이 뜨겁습니다.

구글에서 인공지능을 총괄하는 제프 딘은 세바시 강연(949회)에서 인공지능을 "사물을 똑똑하게 만드는 기술"이라 말한 바 있는데, 의료, 보안, 건설, 유통, 금융 등 모든 산업 분야가 인공지능과 연결되어 있어요. 교육 분야라고 해서 다를 것이 없습니다. 인공지능이 산업의 파괴적 혁신을 이끌고 있으며, 이것이 기업과 나라들 사이에서 인재 전쟁이 격화되고 있는 배경입니다.

Q. 이제는 인공지능이 전문가들만의 영역이 아닌 것 같습니다.

미래를 만드는 기술 변화에 민감하게 주의를 기울여야 합니다. 인류의 미래에 기술이 주는 영향력이 지대하기 때문입니다. 특히 인공지능 기술이 앞으로 사회와 일상생활에 어떤 영향을 주는지 알아야 하는 시대가 되었습니다. 인공지능 기술 트렌드는 직접 개발하거나 연구하는 사람들만의 이야기가 아닌 것이죠. 미래에는 인공지능과 같이 사는 세상이니까 인공지능이 사고하는 방식을 이해해야 합니다.

Q. 이것이 초·중·고 인공지능 교육의 배경일까요?

과학창의재단에서 〈전 국민 양질의 AI 교육 기회 보장 및 확산을 위한 방안 연구〉를 하면서 인공지능은 왜 배워야 하는지 물었습니다. 학생, 교원, 공무원, 창업자 등 3,500여 명에게 설문조사를 했는데, 간단하게 소개하면 다음과 같습니다.

인공지능을 배워야 하는 이유로 가장 높게 나온 것은 응답자의 41.5%가 답한, 인공지능 역량이 "미래 진로에 도움이 되기 때문"입니다. 두 번째는 응답자의 22.8%가 선택한 "인공지능 관련 지식이 생존과 관계된 중요한 지식이기 때문"이고, 세 번째는 22.4%가 선택한 "AI 관련 지식은 누구나 알아야 할 내용"이라서였습니다.

많은 분이 이제 인공지능은 누구나 학습해야 한다고 생각하고 있습니다.

Q. 초등학생 때부터 배워야 하는 건가요?

위의 설문조사에서 인공지능의 교육 시기에 대해서도 물었는데요, 전체 응답자의 75%가 초등학교 5·6학년 이전에 배워야 한다고 답했고, 특히 대학생, 대학원생, 재직자, 창업자 그룹은 초등 3·4학년부터 시작해야 한다는 응답이 가장 높았습니다.

아이들이 초등학교 때부터 인공지능을 학습해야 하는 이유가 "교양으로서도 필요하고 미래 진로와 생존에도 도움이 된다"는 것입니다. 이처럼 인공지능을 배우기 시작하는 시기는 가능하면 빠를수록 좋다고 나타났습니다. 아이들에게는 새로운 역량이 필요합니다.

Q. 그럼 무엇을 배우나요?

한국과학창의재단은 교육부와 함께 인공지능 교육에서 무엇을 배워야 하는지 보고서를 발간했습니다. 바로 〈인공지능 교육내용 기준안〉입니다. SW중심사회(www.software.kr)에서 내려 받을 수 있습니다. 〈내용 기준안〉에서는 초·중·고에서 배워야 할 인공지능 내용은 3개의 영역으로 제시하고 있습니다. ① 인공지능의 이해, ② 인공지능의 원리와 활용, ③ 인공지능의 사회적 영향입니다.

인공지능 교육 내용 기준안

(출처: SW중심사회(www.software.kr))

영역	세부 영역	내용 요소				
		초등학교 1~4학년	초등학교 5~6학년	중학교	고등학교 기초 (인공지능 기초 과목)	고등학교 심화
인공지능의 이해	인공지능과 사회	• 인공지능과의 첫 만남	• 인공지능의 다양한 활용 • 약인공지능과 강인공지능	• 인공지능 발전 과정 • 튜링 테스트	• 인공지능의 개념과 특성 • 인공지능 기술의 발전과 사회 변화	• 인공지능 기술의 적용 분야 • 인공지능 융·복합
	인공지능과 에이전트				• 지능 에이전트의 개념과 역할	• 지능 에이전트 분석
인공지능 원리와 활용	데이터	• 여러 가지 데이터 • 수치 데이터 시각화	• 데이터의 중요성 • 문자 데이터 시각화 • 데이터 경향성	• 데이터 수집 • 데이터 전처리 • 데이터 예측	• 데이터의 속성 • 정형 데이터와 비정형 데이터	• 데이터 속성 분석 • 빅데이터
	인식	• 컴퓨터와 사람의 인식	• 컴퓨터의 인식 방법	• 사물 인식	• 센서와 인식 • 컴퓨터 비전 • 음성 인식과 언어 이해	• 컴퓨터 비전 응용 • 음성 인식 응용 • 자연어 처리
	분류, 탐색, 추론	• 특징에 따라 분류하기	• 인공지능 분류 방법 • 지식 그래프	• 인공지능 탐색 방법 • 규칙 기반 추론	• 문제 해결과 탐색 • 표현과 추론	• 휴리스틱 탐색 • 논리적 추론
	기계 학습과 딥러닝	• 인공지능 학습 놀이 활동	• 기계 학습 원리 체험	• 지도 학습 • 비지도 학습	• 기계 학습의 개념과 활용 • 딥러닝의 개념과 활용 • 분류 모델 • 기계 학습 모델 구현	• 기계 학습 • 강화 학습 • 퍼셉트론과 신경망 • 심층 신경망
인공지능의 사회적 영향	인공지능 영향력	• 우리에게 도움을 주는 인공지능	• 인공지능과 함께하는 삶	• 인공지능과 나의 직업	• 사회적 문제 해결 • 데이터 편향성	• 인공지능과의 공존 • 알고리즘 편향성
	인공지능 윤리		• 인공지능의 올바른 사용	• 인공지능의 오남용 예방	• 윤리적 딜레마 • 사회적 책임과 공정성	• 인공지능 개발자 윤리 • 인공지능 도입자 윤리

“

인공지능 기술 트렌드는 직접 개발하거나 연구하는 사람들만의 이야기가 아닌 것이죠. 미래에는 인공지능과 같이 사는 세상이니까 인공지능이 사고하는 방식을 이해해야 합니다.

”

I N T E R V I E W

Q. 최근에 과학창의재단에서 인공지능 교재를 펴낸 것으로 알고 있습니다. 간단하게 인공지능 교육 로드맵을 소개해주세요.

인공지능 교재 제목은 《학교에서 만나는 인공지능 수업》입니다. 〈초등 1~4학년〉, 〈초등5~6학년〉, 〈중학생〉, 〈고등학교 기초〉, 〈고등학교 심화〉 총 5종류가 있습니다. 각각 학생용 교재와 교사용 지도서로 되어 있고, SW중심사회(www.software.kr)에서 내려받을 수 있습니다.

《인공지능 수업: 초등》은 놀이와 교육용 도구를 통한 체험 중심이에요. 주변에서 인공지능 기술이 사용된 사례를 탐색하고 활용할 줄 아는 데 중점을 둡니다.
《인공지능 수업: 중등》은 실습 중심입니다. 데이터의 가치와 인공지능 원리를 이해하고, 이를 바탕으로 실생활에서 문제해결 능력을 기르는 데 중점을 둡니다.
《인공지능 수업: 고등》은 알고리즘 적용 중심입니다. 심화된 인공지능 개념과 알고리즘을 이해하고, 인공지능 기술을 응용한 문제해결 역량을 기르는 데 중점을 둡니다. 고등학교 인공지능 기초 과목은 곧 교과서가 나올 예정입니다.
놀이 체험으로 시작해서, 실습, 알고리즘 적용으로 차츰 심화로 나가고, 이를 바탕으로 실생활에서 문제해결 능력을 키우는 것으로 나아가도록 구성되어 있습니다.

《학교에서 만나는 인공지능 수업》 교재 (출처: 소프트웨어중심사회(www.software.kr))

Q. 이제 인공지능은 누구나 알아야 할 교양이 되어가고 있습니다.

맞습니다. 미래는 인공지능과 같이 사는 세상이니 인공지능은 전문가의 전유물이 아닌 누구나 알아야 할 교양이 될 것입니다.

앞에서 언급한 것처럼 우리의 인공지능 교육은 놀이 체험으로 시작해서, 실습, 알고리즘 적용으로 차츰 심화로 나가고, 이를 바탕으로 실생활에서 문제해결 능력을 키우는 것으로 나아가도록 구성되어 있습니다.

Q. 끝으로 부모님들께 한 말씀 부탁드립니다.

여기서 부모님들께 꼭 드리고 싶은 말은 '스프트웨어나 인공지능 등의 교육을 단지 '지식' 혹은 '기술'로 접근하지 않아야 한다'는 것입니다. 워낙 기술 변화가 빨라 단순히 기술을 습득하는 것은 큰 의미가 없습니다.

인공지능을 배우는 이유는 인공지능의 원리에 대한 이해를 바탕으로 창의력, 소통·협업능력, 컴퓨팅 사고력, 문제해결 역량을 키우려는 것입니다.

누구나 다 인공지능 개발자가 되어야 하는 것은 아닙니다. 그러나 앞으로는 모든 산업 분야에 인공지능이 적용되기 때문에, 인공지능의 원리를 이해하는 것이 필요합니다. 또 인공지능 윤리 문제에 대해 판단할 수 있어야 합니다.

앞에 소개한 〈인공지능 교육 내용 기준안〉에 따라 차분하게 접근하면 그것으로 충분합니다.

AI 세대에게 딱 맞는
자녀 교육을 세팅하라

2021년 7월 5일 초판 1쇄 발행
2023년 5월 25일 초판 4쇄 발행

지은이 | 조향숙
펴낸이 | 이병일
펴낸곳 | **더메이커**
전 화 | 031-973-8302
팩 스 | 0504-178-8302
이메일 | tmakerpub@hanmail.net
등 록 | 제 2015-000148호(2015년 7월 15일)

ISBN | 979-11-87809-39-5 03590